Dados Internacionais de Catalogação na Publicação (CIP)
(Câmara Brasileira do Livro, SP, Brasil)

```
Bases da parasitologia [livro eletrônico] :
    fundamentos e protozooses de importância médica
    e veterinária / [colaboradores Fagner D'Ambroso
    Fernandes, Márcia Alves de Medeiros
    Gorodicht]. -- Santa Maria, RS :
    Ed. dos Autores, 2025.
    ePub

    Bibliografia.
    ISBN 978-65-01-40455-4

    1. Parasitologia 2. Parasitologia médica
3. Parasitologia veterinária 4. Saúde animal
I. Fernandes, Fagner D'Ambroso. II. Gorodicht, Márcia
Alves de Medeiros. III. Título.

                                   CDD-636.089696
25-262865                          NLM-SF-810
```

Índices para catálogo sistemático:

1. Parasitologia veterinária : Medicina veterinária
   636.089696

Eliete Marques da Silva - Bibliotecária - CRB-8/9380

COLABORADORES

Fagner D'Ambroso Fernandes é graduado, mestre e doutor em Medicina Veterinária pela UFSM, onde realiza pós-doutorado no Programa de Pós-Graduação em Medicina Veterinária. Possui formação pedagógica, especialização em Docência no Ensino Superior e Tecnologias Digitais na Educação. É professor substituto na UFSM e docente na UniRitter. Integrou comissões do CRMV-RS e atualmente, é coordenador do Comitê de Saúde Única da Rede Brasileira de Pesquisa em Toxoplasmose - RedeToxo.

Márcia Alves de Medeiros Gorodicht é Médica Veterinária graduada pela Universidade Federal de Campina Grande (UFCG), com Mestrado e Doutorado na mesma instituição. Especialista em Gestão da Qualidade, Higiene e Tecnologia de Produtos de Origem Animal, Pós-doutorado em Ciências Veterinárias pela UFRGS. É Professora Adjunta da Universidade Federal de Santa Maria (UFSM) e possui mais de 10 anos de experiência docente, com atuação nas áreas de Medicina Veterinária Preventiva, Inspeção e Tecnologia de Produtos de Origem Animal. Também possui experiência em fiscalização sanitária, orientação de alunos e desenvolvimento de projetos de pesquisa e extensão, sempre com enfoque na integração prática e acadêmica.

PREFÁCIO

A Parasitologia é um campo de estudo fundamental, que se dedica ao entendimento dos parasitas e suas interações com os hospedeiros. Origina-se do grego, com a etimologia da palavra "parasita" significando "aquele que vive à custa de outro". No contexto contemporâneo, essa definição abrange uma variedade de organismos que, ao se nutrirem de seus hospedeiros, causam desde infecções leves até doenças graves. Este livro, "Bases da Parasitologia: Fundamentos e Protozooses de Importância Médica e Veterinária," tem como objetivo explorar os fundamentos da parasitologia, com foco especial nas protozooses que impactam tanto a saúde humana quanto animal.

As protozooses são infecções resultantes da ação de protozoários, uma classe de microrganismos unicelulares que têm sido responsáveis por inúmeras pandemias e endemias ao longo da história. Esse assunto adquire uma relevância crescente, especialmente em um mundo cada vez mais interconectado, onde a disseminação de doenças parasitárias é facilitada. Entre as patologias abordadas nesta obra, são incluídas a doença de Chagas, toxoplasmose e malária, as quais não apenas compreendem aspectos clínicos e epidemiológicos, mas também discutem suas implicações sociais e econômicas.

Um dos focos principais do livro é a compreensão dos ciclos de vida dos parasitas, que são complexos e podem envolver múltiplos hospedeiros. Por exemplo, a malária, causada por Plasmodium, apresenta um ciclo de vida que atravessa não apenas os humanos, mas também os mosquitos do gênero Anopheles. Este conhecimento é crucial em estratégias de controle e prevenção das doenças que eles causam. Adicionalmente, discutimos a importância dos vetores, que são organismos que transmitem os parasitas de um hospedeiro a outro, e como eles desempenham um papel central na epidemiologia das infecções.

Neste livro, buscamos oferecer uma visão abrangente da parasitologia, abordando desde os mecanismos de patogenicidade até as possibilidades de tratamento e prevenção. A compreensão dos mecanismos envolvidos nas infecções parasitárias é essencial não apenas para profissionais da saúde, mas também para todos que desejam se aprofundar neste tema vasto e importante. Esperamos que os conhecimentos adquiridos ao longo deste livro não apenas informem, mas também inspirem novos profissionais a se dedicarem ao estudo da parasitologia, contribuindo para a pesquisa, diagnóstico e tratamento das doenças parasitárias. Assim, juntos, podemos avançar em direção a um futuro mais saudável e livre de infecções parasitárias.

Fagner D'Ambroso Fernandes

INTRODUÇÃO

A Parasitologia é um campo de estudo fundamental, que se dedica ao entendimento dos parasitas e suas interações com os hospedeiros. Origina-se do grego, com a etimologia da palavra "parasita" significando "aquele que vive à custa de outro". No contexto contemporâneo, essa definição abrange uma variedade de organismos que, ao se nutrirem de seus hospedeiros, causam desde infecções leves até doenças graves. Este livro, "Bases da Parasitologia: Fundamentos e Protozooses de Importância Médica e Veterinária," tem como objetivo explorar os fundamentos da parasitologia, com foco especial nas protozooses que impactam tanto a saúde humana quanto animal.

As protozooses são infecções resultantes da ação de protozoários, uma classe de microrganismos unicelulares que têm sido responsáveis por inúmeras pandemias e endemias ao longo da história. Esse assunto adquire uma relevância crescente, especialmente em um mundo cada vez mais interconectado, onde a disseminação de doenças parasitárias é facilitada. Entre as patologias abordadas nesta obra, são incluídas a doença de Chagas, toxoplasmose e malária, as quais não apenas compreendem aspectos clínicos e epidemiológicos, mas também discutem suas implicações sociais e econômicas.

Um dos focos principais do livro é a compreensão dos ciclos de vida dos parasitas, que são complexos e podem envolver múltiplos hospedeiros. Por exemplo, a malária, causada por Plasmodium, apresenta um ciclo de vida que atravessa não apenas os humanos, mas também os mosquitos do gênero Anopheles. Este conhecimento é crucial em estratégias de controle e prevenção das doenças que eles causam. Adicionalmente, discutimos a importância dos vetores, que são organismos que transmitem os parasitas de um hospedeiro a outro, e como eles desempenham um papel central na epidemiologia das infecções.

Neste livro, buscamos oferecer uma visão abrangente da parasitologia, abordando desde os mecanismos de patogenicidade até as possibilidades de tratamento e prevenção. A compreensão dos mecanismos envolvidos nas infecções parasitárias é essencial não apenas para profissionais da saúde, mas também para todos que desejam se aprofundar neste tema vasto e importante.

Esperamos que esta obra sirva como um guia prático e teórico, contribuindo assim para a formação de profissionais mais capacitados e conscientes da importância da parasitologia em nossas vidas.

DESENVOLVIMENTO

Inicialmente, devemos definir o que é um parasito. A palavra possui origem grega, significando aquele que vive à custa de outro, espoliando-o. Entretanto, na atualidade, há muita confusão com a palavra parasita. A palavra parasita é utilizada como adjetivo, ou verbo. Um exemplo relacionado a estas duas palavras é: O *Ancylostoma duodenale* é um parasito que parasita o duodeno.

Muitos destes parasitos possuem a capacidade de serem zoonóticos, necessitando uma atenção especial no âmbito da Saúde Única. Neste contexto, caracteriza-se zoonose como sendo doenças e infecções naturalmente transmitidas entre animais vertebrados e os humanos (doença de Chagas, toxoplasmose, raiva, brucelose), etc. Entretanto, o termo Zooantroponose é utilizado para doenças que são transmitidas, inicialmente, a partir de humanos (doença primária). Exemplo, a esquistossomose no Brasil.

Em parasitologia, o ciclo de vida de um parasito é uma descrição sistemática das etapas de desenvolvimento desde a fase larval até a adulta, em que pode se reproduzir. Para tanto, pode-se definir dos diferentes conceitos de hospedeiros do agente, sendo o hospedeiro definitivo e o hospedeiro intermediário. O hospedeiro definitivo alberga o parasito em sua forma adulta ou forma reprodutiva final, enquanto o hospedeiro intermediário, ocorre o desenvolvimento das fases jovens ou assexuadas do parasito (normalmente são moluscos e artrópodes).

Desta forma, os ciclos biológicos, ou ciclos de vida, podem ser de duas formas: ciclo monoxênico ou ciclo heteroxênico. O primeiro, apresenta um ciclo onde há participação de apenas um hospedeiro, sendo também nomeado como ciclo direto. O segundo (ciclo indireto), apresenta a participação de hospedeiros intermediários, onde apresenta um desenvolvimento do agente. Um exemplo de ciclo indireto é o do *Plasmodium*, agente causador da malária, que se desenvolve em dois hospedeiros: o mosquito *Anopheles* e o ser humano. O parasito inicia seu ciclo como esporozoítos no mosquito e se desenvolve até tornar-se merozoítos no fígado humano, seguindo para a fase sanguínea. Este entendimento é crucial para controlar a transmissão da doença, interrompendo o ciclo (SCHMIDT & ROBERTS, 2020). No caso do *Taenia solium*, o ser humano é o hospedeiro definitivo, onde o verme adulto reside no intestino, e os porcos são hospedeiros intermediários, onde as larvas se encapsulam na musculatura, representando uma forma de cisticercose (REY, 2008).

Embora muito semelhantes às terminologias, o parasito heterogênico (grafia semelhante ao heteroxênico) apresenta alternância de gerações. Exemplo, *Plasmodium* apresenta ciclo assexuado em mamíferos, enquanto no vetor, apresenta o ciclo sexuado.

Ainda sobre hospedeiros, possuímos uma outra classificação, os vetores. Os vetores são artrópodes capazes de transmitir os parasitos entre os hospedeiros. Os vetores são divididos em vetores biológicos, mecânicos e inanimados ou fômites. Os vetores biológicos apresentam a capacidade de se reproduzir ou desenvolver no molusco ou artrópode. Os mecânicos, apenas transporta, e os inanimados ou fômites, o parasito é transportado por objetos (seringas, espéculo, talher, copo). O mosquito *Anopheles*, por exemplo, é o vetor biológico da malária, onde o parasito completa parte de seu ciclo de vida antes de ser transmitido a humanos. O papel dos vetores é crítico, não só na propagação, mas também no desenvolvimento completo do parasito (SCHMIDT & ROBERTS, 2020).

O reservatório é qualquer animal, planta, solo, matéria orgânica inanimada onde o parasito vive e se multiplica, sendo importante a possibilidade deste de transmitir o agente para outros hospedeiros. Outro conceito relacionado ao reservatório é a capacidade deste de manter a infecção, sendo muitas vezes pouco patogênica para o reservatório. Cachorros e roedores, por exemplo, são habitualmente reservatórios para *Leishmania*, servindo como uma fonte contínua de infecção para humanos e outros animais nas proximidades (CHANDLER et al., 2015).

As Infecções envolvem a presença e multiplicação de um parasito interno, enquanto infestações é a presença de parasitos externos. Por exemplo, infecções por *Plasmodium* ocorrem internamente no sangue humano, enquanto infestações por piolhos se manifestam externamente no couro cabeludo (REY, 2008). Patogenicidade é a capacidade inerente de um parasito causar doença, enquanto a virulência refere-se à gravidade da doença causada. *Entamoeba histolytica* é um protozoário com alta patogenicidade, capaz de causar amebíase com sintomas que variam de leve desconforto abdominal a colite severa e abscessos hepáticos (NEVES, 2005).

Os parasitos podem ocasionar ações diferentes aos hospedeiros, sendo um fator relacionado à apresentação da doença no hospedeiro. Embora a patogenicidade dos parasitos sejam resultantes de uma coadaptação entre as espécies, pode ocorrer um equilíbrio entre a patogenicidade e a resistência do hospedeiro. Dentre os tipos de ações, diversos parasitos ocasionam a ação mecânica, podem desencadear obstrução, seguido ou não de destruição, durante sua migração. Um exemplo clássico desta parasitose é a infecção por *Ascaris lumbricoides* em intestino delgado. Neste caso, pode ocorrer necrose de segmento de alça intestinal. Outro exemplo, é a migração de *Fasciola hepatica* em parênquima hepático.

A ação espoliativa ocorre quando o parasito proporciona a espoliação do hospedeiro, retirando nutrientes deste, como por exemplo, co-infecção entre *Ascaris lumbricoides*, tênias e hospedeiros. A ação traumática ocorre quando o parasito promove um trauma ao hospedeiro (podendo ocorrer na forma larvária quanto adulta. Quando o metabolismo do parasito é tóxico para o hospedeiro, a ação do parasito é nomeada como tóxica. Exemplo deste tipo de ação é a formação de granulomas pelos ovos de *Schistosoma mansoni*.

Quando partículas antigênicas dos parasitos sensibilizam tecidos dos hospedeiros (aumentando a resposta imunitária - agrava a parasitose), dizemos que esta pode ter uma ação imunogênica. Exemplos deste tipo de ação é a malária, doença de chagas e leishmaniose. A ação irritativa é ocasionada pela presença do parasito, sem ocasionar lesões traumáticas, mas que irritam o local da lesão (exemplo, *Ascaris lumbricoides* na mucosa intestinal). A ação inflamatória ocorre pela infecção pelo próprio parasito, ou pelo próprio produto do seu metabolismo. A *ação enzimática*, ocorre pela penetração da pele por cercárias de *Schistosoma mansoni*, por exemplo, enquanto a ação de anóxia, ocorre pelo grande consumo de oxigênio pelo parasito (exemplo, infecções maciças por ancilostomídeos ou pelos plasmócitos).

Assim como outros agentes etiológicos, é importante analisarmos conceitos epidemiológicos, com a finalidade de entender como as parasitoses podem ser apresentadas na população. Neste sentido, a tríade epidemiológica das doenças é um fator muito importante, para a definição das doenças. A tríade é composta por conjunto de fatores ligados ao meio ambiente, hospedeiro e agente. Quando ocorre algum desequilíbrio entre algum destes fatores, temos o processo de doença no indivíduo ou população.

As doenças infecciosas são classificadas de acordo com a característica do agente etiológico, neste caso, o parasito. Desta forma, estas possuem características particulares, sendo classificadas em formas de disseminação, período de incubação, doença clínica e subclínica e dinâmica da distribuição das doenças na população.

As formas de disseminação compreendem veículo comum, o agente é transferido por uma única fonte, água ou alimentos; propagação de pessoa a pessoa, onde o agente é compartilhado pelo contato entre indivíduos; porta de entrada em humanos, local de penetração do agente, podendo ser por via trato respiratório, gastrointestinal, geniturinário, cutâneo; e reservatório dos agentes, quando o homem e outros vertebrados são reservatórios (zoonose) ou quando o homem é o único reservatório (antroponose).

O período em que os agentes penetram por alguma porta de entrada e o aparecimento da enfermidade, é nomeado como período de incubação. Este período pode ser curto ou longo, dependendo de características particulares do parasito, assim como condições relacionadas ao hospedeiro e ao ambiente. Um exemplo é a ocorrência de malária por *Plasmodium falciparum*, que é de 12 dias, enquanto para a esquistossomose é 2 a 6 semanas. Embora o período de incubação esteja relacionado à apresentação clínica das doenças, muitas doenças apresentam uma maior proporção de indivíduos sem a apresentação dos sinais clínicos (doenças subclínicas) - efeito *iceberg*. Outras, apresentam na forma clínica, possibilitando o diagnóstico devido a correlação entre o histórico e sinais clínicos.

As doenças apresentam na população sob diferentes distribuições e padrões, sendo determinado pela apresentação espacial e temporal dos casos, como por exemplo, a Endemia. Essa refere-se à presença constante de uma doença em uma área geográfica específica, como a malária na África subsaariana. No Brasil, muitas doenças parasitárias se apresentam como endêmicas.

Uma epidemia representa um aumento no número de casos de uma doença acima do esperado. Entretanto, para determinarmos este aumento no número de casos é importante observarmos os números previamente notificados, onde normalmente, é realizado pelo Serviço de Vigilância Epidemiológica. Uma pandemia é uma epidemia que se espalha globalmente, como foi observada com a COVID-19, ocorrendo ao mesmo tempo.

O grupo dos protozoários é constituído por mais de 60.000 espécies conhecidas, das quais 50% são fósseis e o restante está até o momento presente viáveis no ecossistema. Os protozoários são constituídos por organismos protistas, eucariotas, constituídos por uma única célula, sem diferenciação em tecidos. Os protozoários são divididos em filo Sarcomastigophora, Apicomplexa, Ciliophora e Microspora.

O filo Apicomplexa possui o complexo apical, constituído por anel polar, micronemas, conoide, rotrias, grânulos densos e microtúbulos subpeliculares. São organismos unicelulares conhecidos por seus ciclos de vida complexos e pela capacidade de causar infecções em humanos e animais. Este filo inclui gêneros de significância médica, tais como *Toxoplasma*, *Plasmodium*, *Sarcocystis*, *Cystoisospora* e *Cyclospora*, que são frequentemente associados a infecções gastrointestinais e sistêmicas. Historicamente, infecções por esses parasitas têm sido ligadas a surtos de doenças em várias regiões do mundo, especialmente em áreas com condições sanitárias inadequadas.

Toxoplasma gondii é o agente etiológico da toxoplasmose, uma infecção que pode ser assintomática em indivíduos saudáveis, mas que representa um risco significativo para gestantes e imunocomprometidos. De acordo com Neves (2022), é um protozoário com ampla distribuição geográfica, podendo atingir 80% da população em determinados países. Adicionalmente, estima-se que 1\3 da população mundial foi ou será exposta ao parasito, em maior parte, de forma subclínica. Em crianças, a forma mais grave da doença ocorre em crianças recém-nascidas, sendo caracterizada por lesões necróticas e inflamatórias. Estas lesões podem ocasionar sequelas neurológicas, associadas à encefalite, coriorretinite e hidrocefalia, com altas taxas de morbidade e letalidade. A doença grave apresenta evolução em indivíduos com sistema imune comprometido, apresentando quadros de encefalite, retinite ou doença sistêmica. Estes grupos incluem indivíduos em tratamento quimioterápico e infectados com HIV.

O parasito foi descrito no mesmo ano por Nicolle e Manceaux (1908) na Tunísia, e por Splendore (1908) no Brasil. Em 1937, ocorre a descrição mais completa do parasito, detalhando que este é um parasito intracelular obrigatório, assim como a fonte de infecção por meio da ingestão de tecidos contaminados. Pode ser encontrado em uma ampla diversidade de tecidos, células (exceto hemácias) e líquidos orgânicos. As formas evolutivas que o parasito apresenta são taquizoítos, bradizoítos e esporozoítos.

Recentemente foi descrita uma organela denominada apicoplasto, localizada no citoplasma dos zoítos (próximo do núcleo). Esta é responsável pela sobrevivência intracelular do parasito, com função de biossíntese de aminoácidos e ácidos graxos. Cabe salientar que Taquizoítos é a forma encontrada durante a fase aguda da infecção, Bradizoíto em células permanentes de vários tecidos (nervoso, retina, músculo esquelético, cardíaco), e oocistos. Oocistos é a forma parasitária de resistência, que possui uma parede dupla (caráter que permite tal resistência às condições do meio ambiente), e são eliminados nas fezes de felinos. Entretanto, cabe uma atenção, somente oocistos na forma esporulada são capazes de infectar um hospedeiro. Logo após a defecação, felinos excretam em suas fezes oocistos na forma não esporulada, e tornam-se esporulados, após temperatura, umidade e aeração adequadas (1 a 5 dias, aproximadamente). Os oocistos podem permanecer viáveis por cerca de 12 a 18 meses em áreas sombreadas, com umidade e temperatura adequada.

A toxoplasmose é uma doença zoonótica, capaz de infectar uma ampla gama de hospedeiros. Os felídeos são considerados hospedeiros definitivos, enquanto humanos e outros animais, são considerados hospedeiros intermediários. Nesse sentido, a fase sexuada do parasito, chamada de fase coccidiana, ocorre nas células do epitélio intestinal de gatos domésticos e outros felídeos - hospedeiro definitivo. A fase assexuada, que ocorre em diversos hospedeiros (aves, mamíferos inclusive gatos e outros felídeos), são chamados de hospedeiros intermediários. Desta forma, *T. gondii* apresenta um ciclo heteroxeno.

A fase assexuada envolve um hospedeiro susceptível, e após a ingestão, desenvolve a fase assexuada após a ingestão de oocistos esporulados (contendo 2 esporocistos, com 4 esporozoítos em cada esporocisto). São encontrados em água e alimentos não higienizados. Outra forma de infecção é pela ingestão de cistos teciduais (crus) contendo bradizoítos, e raramente, taquizoítos presentes em leite.

Os taquizoítos, esporocistos e bradizoítos sofrem intensa multiplicação intracelular após passagem pelo epitélio intestinal, invadindo células, formando um vacúolo parasitóforo. Após formação do vacúolo, sofrem divisões sucessivas (endodiogenia), formando novos taquizoítos (fase proliferativa - fase aguda da doença). Após resposta imune, alguns taquizoítos diferenciam-se em bradizoítos para a formação de cistos. A fase cística, juntamente com a redução da sintomatologia, caracteriza a fase crônica da doença. Entretanto, o parasito pode apresentar uma reativação da infecção em pacientes imunocomprometidos.

A fase sexuada ocorre somente nas células epiteliais do intestino delgado de gatos e outros felinos não imunes. Nesta fase, ocorrem dois momentos: esquizogonia e gametogonia. Os felinos ingerem cistos, oocistos ou taquizoítos, após penetrarem nas células do epitélio intestinal, multiplicam-se por merogonia, originando merozoítos. O conjunto de merozoítos dentro do vacúolo parasitóforo é chamado de meronte ou esquizonte. Ocorre o rompimento da célula parasitada, penetrando em outras células, diferenciando-se em formas sexuadas: microgameta (masculino) macrogameta (feminino). Ocorre a migração de microgameta em células infectadas com macrogamentas, formando zigoto. Após a evolução, forma-se uma parede dupla, originando o oocisto. Após rompimento da célula epitelial, o oocisto é excretado na forma imatura.

A transmissão do parasito para o ser humano pode ocorrer por 3 vias principais. A ingestão de oocistos na forma esporulada pode ocorrer por meio da ingestão de água, verduras mal higienizadas, solo, ou disseminados mecanicamente por moscas e baratas. A ingestão de cistos pode ocorrer por meio do consumo de carne crua ou malcozida (não resistem ao congelamento a 0°C ou aquecimento acima de 67°C). A passagem de taquizoítos pode ocorrer pela transmissão transplacentária, apresentando maiores chances de passagem no primeiro trimestre (14%) e no último trimestre (59%), caracterizando a forma mais grave de transmissão para o feto. Outras formas são menos frequentes, como por exemplo, ingestão de taquizoítos pelo leite, transfusão sanguínea.

A imunidade para a toxoplasmose ocorre por meio da indução da resposta celular específica, onde IFN-γ e IL-12 se comportam como citocinas-chave no processo. A patogenia é dependente da quantidade do parasito que o hospedeiro entrou em contato, forma infectante, tipo de cepa (virulenta ou avirulenta) e da susceptibilidade do hospedeiro, idade. A alta prevalência de cepas atípicas na América do Sul (comparado ao genótipo do tipo II no hemisfério norte), pode estar associada à maior gravidade da toxoplasmose observada no Brasil. Dependendo de qual for a intensidade de replicação, e órgão afetado, podemos ter a apresentação dos sinais clínicos.

Para que tenhamos a toxoplasmose transplacentária ou pré-natal, é necessário que a gestante esteja na fase aguda da doença, ou mais raramente, uma reativação. Pode ocorrer aborto (normalmente no primeiro trimestre), aborto ou nascimento prematuro (no segundo trimestre), ou nascimento de crianças com lesões oculares (lesão de foco em roseta ou roda de carroça), hetoesplenomogalia, edema, miocardite, anemia, trombocitopenia. A toxoplasmose adquirida ou pós-natal, dependendo da cepa e estado imune do indivíduo, pode apresentar-se de forma subclínica. Entretanto, podem apresentar sinais clínicos dependendo da localização do parasito (gânglios, ocular, encefalite - HIV positivo.

O diagnóstico pode ser clínico ou laboratorial, onde o clínico, é por muitas vezes, difícil de ser realizado. Desta forma, o diagnóstico laboratorial pode ser uma boa alternativa. Pode ser realizada a identificação do parasito por meio de testes sorológicos (detecção de anticorpos IgM e IgG). A visualização direta do parasito é rara, mas pode ser realizada em amostras de líquido amniótico líquido cefalorraquidiano em pacientes com a infecção aguda. Em amostras teciduais, sangue total, e líquido amniótico, emprega-se a PCR. Em amostras sorológicas pode ser utilizado técnicas como Reação de Imunofluorescência Indireta, Hemaglutinação Indireta, e Imunoensaio enzimático para detecção de anticorpos anti - *T. gondii.*

O tratamento da toxoplasmose é considerado incurável, no entanto, reduzem a faze proliferativa (taquizoítos). Os medicamentos mais utilizados são pirimetamina, sulfadiazina, sulfadoxina, ácido fólico. Além destes, pode ocorrer associação com anti-inflamatórios, dependendo se a paciente estiver gestando, assim como a fase gestacional e detecção em líquido amniótico, e outros grupos de risco.

O parasito *Plasmodium* pertence ao filo Apicomplexa e família plasmodiidae e é considerado o gênero que ocasiona a malária em humanos. A malária já esteve descrita em escritos chineses em 3000a.c, tábuas mesopotâmicas (200a.c). Entretanto, somente no início do século XIX que o termo malária teve origem. Atualmente, quatro espécies parasitam exclusivamente o ser humano: *Plasmodium falciparum*, *P. vivax*, *P. malariae* e *P. ovale*. Recentemente, outra espécie está sendo associada, o *Plasmodium knowesi*, no continente asiático.

O ciclo biológico ocorre de duas formas: um no hospedeiro vertebrado (humanos), e outro, no hospedeiro invertebrado (inseto). A malária inicia quando esporozoítos infectados são inoculados no hospedeiro vertebrado, pelo inseto vetor. Como possuem motilidade, migram para vasos linfáticos e linfonodos proximais. Adicionalmente, o *Plasmodium* pode migrar para os hepatócitos, pois possui proteínas formadoras de poros (SPECT1), proteína semelhante à porfirina (PLPsP) e proteína circum-esporozoíto (CS). Após a invasão de hepatócitos, transformam-se em trofozoítos pré-eritrocíticos. Assim, ocorre multiplicação de forma assexuada, do tipo esquizogonia, originando esquizontes teciduais e milhares de merozoítos que irão invadir eritrócitos.

O ciclo eritrocitário ocorre quando os merozoítos tissulares invadem os eritrócitos e ocorre em três etapas: interações iniciais que causam deformação eritrocitária; interações apicais e invasão; e fase final de recuperação celular. O desenvolvimento intraeritrocitário do parasito dá-se por esquizogonia, com consequente formação de merozoítos que invadem novos eritrócitos. Após algumas gerações, são formados os gametócitos, que não se dividem mais, e seguirão seu desenvolvimento no vetor, originando os esporozoítos.

No hospedeiro invertebrado (vetor), durante o repasto sanguíneo, a fêmea do anofelino ingere as formas sanguíneas do parasito, mas somente os gametócitos evoluem no inseto, dando origem ao ciclo sexuado. No intestino do inseto ocorre o processo de gametogênese. O gametócito feminino dá origem ao macrogameta, e o masculino, à oito microgametas, formando o ovo ou zigoto. Este passa a ter movimentação (oocineto) e migra para a parede do intestino médio, onde passa a ser chamado de oocisto. Após 9 dias, rompem e são liberados esporozoítos, onde são dispersos ao longo do corpo do inseto, em especial, à hemolinfa glândulas salivares. Após, ocorre o respeito sanguíneo para o hospedeiro vertebrado.

Desta forma, a transmissão ocorre por meio do repasto sanguíneo que as fêmeas do mosquito do gênero *Anopheles* realizam. Neste processo, ocorre a inoculação de esporozoítos presente em suas glândulas salivares. Desta forma, a fonte de infecção para os mosquitos, são outras pessoas doentes, ou que indivíduos assintomáticos. Além de humanos, primatas podem ser potenciais reservatórios de *P. malariae*.

Com relação à patogenia do *Plasmodium*, percebe-se que apenas o ciclo eritrocítico. A destruição dos eritrócitos e a consequente liberação dos parasitos e metabólitos na circulação proporcionam a resposta, resposta do hospedeiro. O processo de destruição está presente em todos os tipos de malária, em maior ou menor grau, resultando em quadro anêmico. A liberação de citocinas, durante a fase aguda, ocorre a ativação e mobilização de células imunocompetentes e que produzem citocinas; fator de necrose tumoral - TNF, IL - 1, IL-6 e IL-8, são exemplos de citocinas que atuam nesta fase. O sequestro de eritrócitos parasitados ocorre por meio da adesão à parede endotelial dos capilares, caracterizando o fenômeno de formação de rosetas.

O diagnóstico ocorre por meio clínico e laboratorial. Como os sinais clínicos são inespecíficos, ou a doença apresenta-se de forma subclínica, é importante associar dados epidemiológicos para a suspeita da doença. O diagnóstico laboratorial pode ser realizado, sendo empregado o método do esfregaço espesso (gota espessa) ou delgado de sangue. Ambas as técnicas são submetidas à coloração para a visualização do parasito. A diferenciação específica da espécie dos parasitos é importante para a orientação do tratamento da malária.

A profilaxia da malária pode ser realizada a nível individual ou coletivo. Medidas para evitar o contato com o mosquito são importantes. Desta forma, evitar aproximação de áreas de risco ao entardecer (mosquito possui hábitos noturnos). Adicionalmente, em áreas endêmicas, informações relacionadas ao vetor, uso de roupas claras, manga longa, medidas de barreira (telas em portas e janelas), uso de repelente. Como não há vacinas, anteriormente podia ser realizada a quimioprofilaxia. Entretanto, com a identificação da resistência parasitária e potencial tóxico dos antimaláricos, a política adotada é de orientação para o diagnóstico e tratamento oportuno. A quimioprofilaxia pode ser recomendada para viajantes de áreas endêmicas, com a utilização de doxiciclina (100mg\dia).

Além do *Toxoplasma gondii*, o filo apicomplexa possui o gênero *Sarcocystis*. Embora tenhamos mais de 200 espécies de Sarcocystis, dois são de importância para o homem: *Sarcocystis hominis* e *Sarcocystis suihominis*. Recentemente, descrito por Dubey et al. (2015), foi descrito *Sarcocystis heydorni* como um parasito com potencial zoonótico. Outros *Sarcocystis* ocorrem em animais silvestres, tendo humanos como hospedeiro acidental.

Este protozoário foi descrito inicialmente em 1843 por Miescher, em musculatura esquelética de camundongos, e nomeado por Lankester, em 1882. Também são considerados parasitos intracelulares obrigatórios, ciclo presa-predador para completar o seu desenvolvimento. Os estágios sexuados ocorrem nos predadores (hospedeiros definitivos - HD) e estágios assexuados nas presas (hospedeiros intermediários - HI). Nos HI, existem dois tipos de células: mastócitos e os bradizoítos. Os bradizoítos são as formas infectantes para o HD, evoluindo diretamente para gametas no seu intestino.

Recentemente, em uma ilha da Malásia, foi descrito um surto de sarcocistose ocorrendo em 89 e 68 pessoas. Neste caso, uma nova espécie foi descrita, *Sarcocystis nesbitti*. Para este parasito, primatas não humanos são considerados hospedeiros intermediários, e cobras, hospedeiros definitivos.

A morfologia de *Sarcocystis*, assim como de *T. gondii*, depende da fase evolutiva. Possuímos a fase de meronte (esquizonte) que são formados após os esporozoítos penetrarem as células endoteliais dos vasos sanguíneos do HI; Sarcocistos (cisto) presente na musculatura esquelética e cardíaca; Bradizoítos, que estão presente dentro dos sarcocistos; e Oocistos; que estão presente nas fezes do homem (HD), eliminados na forma esporulada, contendo dois esporocistos, com quatro esporozoítos em cada. Como curiosidade, em determinados momentos a parede do oocisto pode romper-se, proporcionando a excreção dos esporocistos nas fezes.

O ciclo biológico para as três espécies de importância média é considerado heteroxeno, relação presa-predador. O homem é o HD do *S. hominis*, *S. suihominis*, onde os HI são bovinos e suínos, respectivamente. Diferentemente de *T. gondii*, os oocistos já são excretados nas fezes do HD na forma esporulada, fator de risco para a infecção dos HI.

Os suínos infectam-se a partir da ingestão de oocistos esporulados ou de esporocistos. Estes, são liberados no lúmen intestinal, penetram células endoteliais de vasos para originar os merontes secundários. Após penetração em células musculares, formam a terceira geração de merontes. Os sarcocistos de *S. hominis* são macroscópicos, onde o homem infecta-se ao ingerir carne de suínos contendo sarcocistos maduros. Normalmente em carnes mal-passada ou crua. No intestino dos humanos, dão origem à gametas diretamente, fecundação, e esporulação na própria parede intestinal.

A patogenia da sarcocistose não é bem conhecida no homem, quando comparada à animais de produção. Entretanto, apresentam características distintas conforme o papel do homem no ciclo. Quando humanos atuam como HD, o quadro clínico observado é uma sarcocistose gastrointestinal, como diarreia, náusea, vômito, dor abdominal. Quando atuam como hospedeiro intermediário, o quadro é muscular. Neste caso, apresentam dor muscular persistente, miosite, vasculite, nódulos subcutâneos, etc.

O diagnóstico é realizado pode ser realizado a partir da detecção de oocistos esporulados ou esporocistos nas amostras de fezes, por métodos de concentração, como centrífugo-flutuação (Sheather e Kato-Katz). Em caso de sarcocistose muscular, a biópsia muscular, imunofluorescência indireta e a reação de fixação do complemento são indicadas. Um diferencial na avaliação da biópsia é a presença de sarcocistos septados, o que não ocorre em cistos de *T. gondii*. Bradizoítos de *Sarcocystis* e *T. gondii* são positivos quando empregados coloração do reativo de Schiff; já as formas de *Trypanosoma cruzi* não se coram.

O tratamento possui valor relativo, pois possuem ação limitada sobre coccídios. Após a ruptura dos cistos teciduais, corticosteroides podem ser administrados para conter a reação inflamatória. Relatos da utilização de albendazol, associado à prednisona, têm levado à redução dos sinais clínicos em humanos. A profilaxia para a sarcocistose humana é não realizar a ingestão de carne de bovinos e suínos crua ou mal-cozida. Adicionalmente, medidas de saneamento básico são importantes.

Outro protozoário do filo Apicomplexa é o *Cystoisospora*. O parasito foi descrito pela primeira vez por Schneider, em 1881. Após classificações, a caracterização morfológica e molecular permitiu diferenciar os isosporídeos em dois grupos de parasitos: *Isospora* (Eimeriidae) e *Cystoisospora* (Sarcocystidae). Os membros do gênero Cystoisospora apresentam ciclo evolutivo típico Coccidia, com multiplicação assexuada (merogonia) e sexuada (gametogonia) que termina com a formação de oocistos nas células do hospedeiro. A terceira fase, denominada esporogonia, ocorre fora do hospedeiro.

As infecções de humanos podem ocorrer por *Cystoisospora belli*, a qual é mais frequente em indivíduos imunocomprometidos, especialmente aqueles com HIV/AIDS. A prevalência de *C. belli* situa-se ao redor de 15% neste grupo no Haiti. O parasito foi descrito por Woodcock (1915) e é relatado em várias regiões tropicais e subtropicais, dentre estas, Argentina, Venezuela, México, Índia, Africa tropical, sudeste Asiático, e mais raramente, Europa e EUA. Destaca-se que a cistoisosporose humana é mais frequente em regiões quentes, onde as condições de higiene são precárias.

Oocistos (31,6 x 13,7um) não esporulados são eliminados nas fezes, ocorrendo a esporulação entre 1 a 3 dias, dependendo das condições ambientais (semelhante aos outros protozoários do filo apicomplexa). O homem infecta-se ao ingerir oocistos esporulados em água ou alimentos. Ocorre a liberação de esporozoítos que invadem o intestino delgado, evoluindo até a formação de oocistos. Em pacientes portadores de AIDS, os cistos extraintestinais podem ocorrer, sendo localizados em linfonodos mesentéricos e traquebronqueais, baço, fígado, e na própria lâmina da mucosa intestinal.

Embora muitas infecções em humanos são benignas, a patogenia ocorre por meio das alterações na mucosa intestinal do intestino delgado, resultando em síndrome da má absorção. Adicionalmente, em biópsias, podem ser verificadas formas parasitárias no duodeno, jejuno e íleo. Podem ser verificadas atrofias das vilosidades intestinais e hiperplasia das criptas pela destruição das células epiteliais.

O diagnóstico é realizado por meio da detecção de oocistos não esporulados, ou parcialmente, em amostras de fezes. Como a eliminação é intermitente, é importante a realização de métodos de concentração com solução de sacarose e sulfato de zinco. O tratamento é realizado usando sulfametoxazol-tri-metoprima. Outros medicamentos têm sulfadiazina-piremetamina e sulfadoxina-pirimetamina, sendo a pirimetamina uma opção à alérgicos às sulfas.

Cyclospora cayetanensis também pode ocasionar doença em humanos, caracterizando a ciclosporose, cujo principal sinal clínico é diarreia aquosa, podendo perdurar até 2 meses se não tratada. Foi descoberto recentemente, em 1993, e está ganhando notoriedade, principalmente em ocorrência na população de turistas de determinados países. Nepal, Peru, Haiti, Guatemala, são países considerados endêmicos.

O ciclo biológico é monoxênico, e assemelha-se aos outros coccídios, com fase assexuada e sexuada, e transmissão fecal-oral. O tempo de esporulação é considerado maior quando comparado aos outros, sendo de 7 a 15 dias, em condições de temperatura entre 23 e 27°C. A transmissão está associada à ingestão de água e alimentos contaminados com oocistos na forma esporulada.

O período de incubação, em média, é de 7 dias. A diarreia pode persistir até 52 dias, na ausência de tratamento, acompanhada de fadiga, mal-estar, anorexia, náuseas, perda de peso e dores abdominais. Em imunossuprimidos, a apresentação clínica da doença poderá ocorrer em forma mais grave, podendo apresentar quadro cronificado. Em estudos, o histopatológico apresentou hiperemia reativa, inflamação aguda e crônica, com dilatação vascular e hiperplasia de criptas, atrofia de vilosidades.

Um fato interessante da doença é a presença da sazonalidade dos casos em áreas endêmicas, além disso, a diferença entre os períodos nestes países. Entretanto, ainda não se conhece os fatores relacionados a estas diferenças de sazonalidades, propiciando a realização de estudos relacionados à elementos ambientais, como temperatura, umidade, exposição solar, e tempo de sobrevivência dos oocistos nas diferentes regiões do globo terrestre.

O diagnóstico pode ser realizado a partir da apresentação dos sinais e sintomas característicos (diarreia, náusea, anorexia, fraqueza), assim como a detecção laboratorial por meio da visualização de oocistos nas amostras, com métodos de concentração e coloração (possibilitam a visualização dos oocistos). O tratamento é a base da utilização de antibióticos, como trimetoprima e sulfametoxazol. Pacientes alérgicos à sulfa, podem usar ciprofloxacina. Cuidados devem ser tomados quando for realizada viagens para áreas endêmicas, sendo recomendada a ingestão de água de origem confiável ou fervida, alimentos crus devem ser evitados, assim como medidas de boas práticas de higiene.

Outro protozoário de importância médica é o *Cryptosporidium*, descrito pela primeira vez em 1907, por Tyzzer. A posição anatômica é um assunto controverso, pois em análise filogenética, o parasito apresenta um ramo basal emergente do Filo Apicomplexo. Ressalta-se que *Cryptosporidium* foi considerado um membro atípico dos coccidios, por apresentar oocistos sem esporocistos. *Crysptosporidium parvum* e *C. hominis* são as duas espécies com relevância para a saúde pública. Entretanto, o *C. meleagridis* é uma espécie que também pode acometer, principalmente indivíduos imunocomprometidos.

O parasito apresenta desenvolvimento em microvilosidades de células epiteliais do trato gastrointestinal e respiratório, e excepcionalmente, sítios extraintestinais (epitélio renal, vesícula biliar, esôfago, faringe). Como o parasito parasita a parte externa do citoplasma, em visualização microscópica, percebe-se que o parasito está fora dela - localização designada intracitoplasmática.

O ciclo é considerado monoxênico, incluindo o processo de multiplicação assexuada (merogonia) com duas gerações. O ciclo de reprodução sexuada (gametogonia), ocorre com a formação de microgametas e microgamentas, que após a fecundação, excretam oocistos nas fezes. Oocistos de parede espessa podem ser excretados, e oocistos de parede fina, podem propiciar autoinfecção.

A transmissão ocorre pela ingestão ou inalação, ou ainda, pela autoinfecção. A transmissão pode ocorrer de pessoa a pessoa; animal a pessoa; ingestão de água; ou por alimentos contaminados com oocistos.

A patogenia e o quadro clínico dos indivíduos parasitados pode ocorrer de diferentes formas, sendo influenciados por fatores como idade, competência imunológica e co-infecções. Como o parasito apresenta replicação no epitélio gastrointestinal, os sinais clínicos incluem síndrome da má-absorção. Entretanto, para *C. hominis* e *C. parvum*, já foi descrito sintomas não relacionados ao trato gastrointestinal, como por exemplo, dores nas articulações, cefaleia e dor ocular.

O diagnóstico pode ser realizado por meio da visualização de oocistos nas fezes, em material de biópsia intestinal ou material de raspado de mucosa. Assim como para os protozoários anteriormente descritos, é importante a realização de métodos de concentração. O diagnóstico ainda pode ser realizado por meio da detecção de anticorpos circulantes, como RIFI e ELISA.

O tratamento é essencialmente realizado de forma sintomática, buscando reduzir a diarreia e a desidratação. A profilaxia consiste em medidas de saneamento básico, evitando a contaminação de água e alimentos. Adicionalmente, é importante a adoção de cuidados especiais para indivíduos de grupo de risco, e que estão em contato com material potencialmente contaminado.

Os protozoários flagelados, pertencentes ao filo Protozoa, desempenham papeis significativos na saúde pública devido à sua capacidade de causar diversas doenças infecciosas em humanos e animais. Entre eles, destacam-se os gêneros *Leishmania*, *Trypanosoma*, *Trichomonas* e *Giardia*, que estão associados a condições que variam em severidade, desde formas assintomáticas até quadros clínicos graves.

A leishmaniose tegumentar americana é uma doença de caráter zoonótico, que apresenta incidência de 1,5 milhões de casos a cada ano, de acordo com estimativas da Organização Mundial da Saúde (OMS). É uma doença predominantemente em países subdesenvolvidos, pois dos 88 países em que a doença ocorre, 76 são considerados subdesenvolvidos. Afeganistão, Argélia, Brasil, Colômbia, Costa Rica, Etiópia, Irã, Peru, Sudão e Síria, são responsáveis por 70 a 75% da incidência global. No período de 2001 a 2013, foram registrados 700 mil casos, com média anual de 57.228 casos. Destes, 38.9% ocorrem no Brasil. Embora tenhamos a leishmaniose ocorrendo nos países anteriormente descritos, outras espécies são descritas no velho mundo, ocorrendo desde o Senegal na África, até a Índia e Mongólia, sul da França e Namíbia.

A leishmaniose visceral americana é uma doença causada por parasitos do complexo Leishmania donovani, nas Américas, Europa, África e Ásia. Conhecida como Kala-Azar, palavra de origem indiana. De acordo com a OMS, é responsável pela morte de milhares de pessoas em todo o mundo, estimado em 60.000 mortes por ano. Ocorre em mais de 80 países, nos quatro continentes, existindo 200 milhões de pessoas expostas ao risco de infecção.

Trypanosoma cruzi, também conhecido como agente etiológico da doença de Chagas, é um protozoário considerado frequente nas Américas, em especial na América Latina. Foi descoberto por Carlos Ribeiro Justiniano das Chagas, em 1909. Ainda hoje a doença ocorre em 18 países da América Latina e presente em 21 países endêmicos. No Brasil, a doença ocorre do MA até o RS. Outra espécie de *Trypanosoma* já foi descrita no Brasil, *T. rangeli*, no entanto, não há descrições recentes em humanos (a última ocorreu no Amazonas, em 1996).

Outro flagelado de importância médica são parasitos do gênero *Trichomonas*, IST não viral, que apresenta cerca de 156 milhões de casos novos no mundo ao ano. Normalmente está associado à outras ISTs, como *Chlamydia*, sífilis e gonorreia.

Para tanto, iremos abordar em nosso desenvolvimento aspectos relacionados à morfologia dos agentes etiológicos, ciclos biológicos, e de forma breve, medidas de controle, prevenção e tratamento.

A Leishmaniose Tegumentar Americana (LTA) é uma doença causada por diferentes espécies de parasitos do gênero *Leishmania* (Ross, 1903), pertencente aos subgêneros *Viannia* e *Leishmania*. No Brasil, as seguintes espécies ocorrem: *Leishmania* (*Viannia*) *braziliensis*, *Leishmania* (*Viannia*) *guyanensis*, *Leishmania* (*Viannia*) *lainsoni*, *Leishmania* (*Viannia*) *shawi*, *Leishmania* (*Viannia*) *naiffi*, *Leishmania* (*Leishmania*) *amazonensis*.

A morfologia ocorre de duas formas para as leishmanias; formas amastigotas e formas promastigotas. As formas amastigotas são ovoides ou esféricas, não há presença de flagelo livre, com tamanho entre 1,5 e 3 x 3 e 6,5um. As formas promastigotas são alongadas em cuja extremidade anterior, emerge o flagelo, com tamanho entre 16 e 40 (comprimento) x 1,5 e 3um (largura), incluindo o flagelo, que normalmente é maior que o corpo. O processo de multiplicação das leishmanias ocorre de forma binária

Os hospedeiros invertebrados são pequenos insetos, da ordem Diptera, família Psychodidae, subfamília, Phlebotominae, gênero *Lutzomyia*, ocorrendo o ciclo biológico do parasito. Os hospedeiros vertebrados compreendem uma ampla gama de mamíferos, sendo roedores, edentatus (tamanduá, tatu, preguiça), marsupiais (gambá), canídeos e primatas, incluindo humanos, considerados hospedeiros do parasito.

O ciclo biológico compreende um ciclo no vetor, onde uma fêmea realiza o repasto sanguíneo em um hospedeiro vertebrado, parasitado, ingerindo macrófagos parasitados. As formas amastigotas de *Leishmania* são encontradas parasitando células do sistema manonuclear fagocítico (SMF) do hospedeiro vertebrado, principalmente macrófagos na pele. Ao realizar o repasto, os macrófagos parasitados são rompidos no estômago do vetor (com as formas amastigotas), com as formas amastigotas. As formas amastigotas realizam uma divisão binária antes de transformarem-se em promastigotas. Estas também realizam divisões binárias, assumindo diferentes formas.

As promastigotas, pertencentes ao gênero *Viannia*, dirigem-se para o intestino posterior, onde se estabelecem nas regiões do piloro e do íleo. Neste local as promastigotas ainda apresentam divisão, e após, migram para o estômago e dirigem-se para a faringe do inseto. Ao migrarem, atingem o estágio de promastigotas metacíclicas (estágio infectivo). No segundo caminho, as formas promastigotas das espécies do subgênero Leishmania multiplicam-se livremente, aderidas ao estômago. Na sequência, retornam para a região anterior do estômago e posteriormente, migram para a faringe.

O ciclo no vertebrado ocorre com início no momento do repasto sanguíneo, ocorrendo regurgitação e introdução de formas promastigotas no local da picada. Em 4 a 8 horas, os flagelos são interiorizados pelos macrófagos teciduais. A saliva do inseto possui propriedades vasodilatadoras, facilitando a alimentação do inseto. Após fagocitose, as formas promastigotas transformam-se em amastigotas, e dentro do vacúolo fagocitário, multiplicam-se por divisão binária até ocupar todo o citoplasma do macrógafo. Este, dependendo da quantidade de amastigotas, pode romper e liberar formas amastigotas (que infectam novas células).

O curso da infecção nos animais, incluindo humanos, é altamente variável, dependente da espécie de *Leishmania* e características genéticas e da resposta imune do hospedeiro. O período de incubação (tempo entre a picada do inseto e o aparecimento da lesão) pode variar entre 2 semanas e 3 meses, segundo observações realizadas no Brasil.

As formas clínicas da doença podem ocorrer em amplo espectro na LTA, estando relacionado ao estado imunológico do paciente, e as espécies de *Leishmania*. Apesar das diferentes apresentações, podemos agrupá-las em leishmaniose cutânea (LC), leishmaniose cutaneomucosa (LCM) e leishmaniose cutânea difusa (LCD).

A LC é caracterizada por formação de úlceras únicas ou múltiplas confinadas na derme, com a epiderme ulcerada. resultam em úlceras leishmanióticas típicas, que podem evoluir para formas vegetantes verrucosas ou framboesiformes. Em estágio aguda, nas bordas das lesões, podem ser encontrados diversos parasitos. Pode ocorrer de forma disseminada em pacientes imunossuprimidos, como por exemplo, síndrome AIDS. No Brasil, as espécies que produzem este tipo de apresentação são: *L. (V.) braziliensis, L. (V.) guyanensis, L. (L.) amazonensis, L. (V.). laisoni* e *L. (V.) naiffi.*

A forma clínica de LCM ocorre principalmente pela presença de *L. (V.) braziliensis*, apresentando curso incial conforme descrito anteriormente. Entretanto, após algum tempo (meses ou anos), produzem lesões destrutivas secundárias, envolvendo mucosas e cartilagens. As regiões comumente verificadas destas lesões são, nariz, faringe, boca e laringe.

A LCD ocorre na forma de lesões difusas não ulceradas por toda a pela, contendo grande número de amastigotas. Esta apresentação ocorre em infecções por *L. (L.) amazonensis* no Brasil. Não é totalmente compreendido esta forma de leishmaniose, se a forma clínica acontece por diversas picadas do vetor, ou pelo resultado da metástase do parasito de um sítio primário para os outros, por meio de vasos linfáticos ou migração de mácrófagos parasitados.

O diagnóstico da doença ocorre de forma clínica, com base na característica da lesão e dados da anamnese. Deve ser realizado o diagnóstico diferencial de outras dermatoses granulomatosas. O diagnóstico laboratorial pode ser realizado, com base na pesquisa do parasito por meio de esfregaço sanguíneo, exame histopatológico, cultura ou inóculo em animais. Adicionalmente, pode ser realizado métodos moleculares com o objetivo da detecção de DNA do parasito.

O tratamento pode ser realizado por meio da utilização de um antimonial pentavalente, Glucatime (antimoniato de N-metilglucamina), de acordo com a OMS. Adicionalmente, no Brasil, alguns grupos de pesquisa (Mayrink e cols). estão utilizando uma vacina para para imunoprofilzaxia (Leishvacin, Biobrás, Montes Claros, MG), em casos resistentes aos antimoniais.

A Leishmaniose Visceral Americana (LVA) é uma doença ocasionada por parasitos do complexo *Leishmania donovani*. Esta forma de leishmania apresenta importância significativa pois é uma doença infecciosa, sistêmica, de evolução crônica, caracterizada por febre irregular, de intensidade média e de longa duração, apresentando esplenomegalia e hepatomegalia (acompanhada de hipoalbuminemia, trombocitopenia, anemia). O estado de debilidade que o quadro clínico pode apresentar ao indivíduo pode levar óbito, caso o paciente não seja tratado.

A morfologia das formas parasitárias de Leishmania deste complexo são semelhantes às abordadas no complexo de LTA. Com relação ao ciclo, além de vermos as formas amastigotas em tecidos linfoides, o fígado e o baço podem apresentar as formas parasitárias. Para este complexo, o vetor *Lutzomyia longipalpis* realiza o repasto sanguíneo em indivíduos parasitados, ingerindo macrófagos parasitados. O ciclo dentro do hospedeiro invertebrado é semelhante ao apresentado para a LTA.

O mecanismo de transmissão de *L. infantum* ocorre por meio da picada da fêmea infectada de *L. longipalpus*. As formas promastigotas metacíclicas, movem-se pela probóscide do vetor, e são inoculadas no hospedeiro vertebrado durante o repasto sanguíneo. Outras formas podem ocorrer, como por exemplo, durante o compartilhamento de seringas em utilização de drogas injetáveis e transfusão sanguínea. A patogenia da Leishmaniose, ocasionada por Leishmania infantum, ocorre principalmente em células do SMF, principalmente células do baço, fígado e medula óssea.

Como a infecção ocorre por meio da pele, juntamente com as formas promastigotas, é inoculado saliva. Esta saliva é rica em propriedades inflamatórias, proporcionando atração de células fagocitárias para o local da picada. Nas vísceras, os parasitos proporcionam uma infiltração de macrófagos parasitados, sendo tecido esplênico, sanguíneo, pulmonar e renal os tecidos mais prejudicados.

O quadro clínico pode ter desenvolvimento abrupto ou gradual. Pode ocorrer sinais sistêmicos, como febre intermitente, palidez de mucosas, esplenomegalia, presença ou não de hepatomegalia, e progressivo emagrecimento geral. A forma abrupta ocoorre normalmente em pessoas imunossuprimidas, como HIV e diabéticos.

A forma assintomática da doença pode ser apresentada com sinais inespecíficos, como apresentação de febre baixa recorrente, tosse seca, diarreia, sudorese, prostração e apresentar cura espontânea, ou manter o parasito sem nenhuma alteração evolutiva clínica durante a vida. A forma aguda da doença pode ocorrer no curso inicial, apresentando febre alta, palidez de mucosas e hepatoesplenomegalia discreta. Neste momento, pode ser confundida com febre tifoide, malária, esquistossomose, doença de Chagas, toxoplasmose, que podem apresentar hetoespelenomegalia.

A forma sintomática crônica (calazar clássico) é a forma de evolução prolongada da doença, caracterizada por febre irregular e associada ao contínuo agravamento da doença. Pode apresentar emagrecimento progressivo, caquexia acentuada, mesmo apresentando apetite. A hepatoesplenomegalia associada à ascite, determinam a distensão abdominal.

Embora tenhamos uma ampla diversidade de espécies de Leishmania, a forma clínica da Leishmaniose Dérmica Pós-calazar ocorre somente em infecções envolvendo a *Leishmania donovani*. Essa apresentação ocorre principalmente no subcontinente indiano e no leste da África.

O diagnóstico da leishmaniose deve envolver sinais clínicos apresentados pelos pacientes, assim como associação com parâmetros epidemiológicos, achados hematológicos e bioquímicos, detecção de anticorpos anti-*Leishmania*. Adicionalmente, pode ser realizada a detecção de DNA do parasito.

O tratamento pode ser realizado por meio da implementação de quimioterapia com a utilização de fármacos antimoniais pentavalentes, antimoniato de N-metil glucamina (Glucantine) e estibogluconato (Pentostam). De acordo com o Ministério da Saúde (MS), no Brasil, não há relatos da presença de populações de *L. infamtum* resistentes aos atimoniais, em testes *in vitro*. Em pacientes com insuficiência renal, menores de 1 ano ou acima dos 50 anos, transplantados, cardíacos, renais e hepáticos, o MS indica a utilização de Anfotericina B lipossomal. Em situações de refratariedade ao tratamento, pode ser indicada a imunoquimioterapia, com a utilização de rHINF gama (interferom gama humano recombinante).

Relacionada a profilaxia e controle, desde 1960, quando se definiu o papel do cão como reservatório doméstico de *L. infantum*, e de *L. longipalpis* como vetor, deve ser seguido de: diagnóstico precoce e tratamento dos doentes; eliminação dos cães ou tratamento e acompanhamento de cães com sorologia positiva; e combate às formas adultas do inseto vetor.

Outro protozoário flagelado de importância médica é a *Trypanosoma cruzi*, agente etiológico da Doença de Chagas, que constitui uma antropozoonose frequente nas Américas. Foi caracterizado em 1909, por Carlos Chagas. O protozoário possui diversas formas evolutivas, nos hospedeiros vertebrados e invertebrados.

As formas amastigotas são verificadas nos hospedeiros vertebrados e na cultura de tecidos, enquanto que formas tripomastigotas são verificadas no sangue circulante. Esta última, são consideradas infectantes para hospedeiros vertebrados e células *in vitro*.

O ciclo biológico é do tipo heteroxênico, onde o parasito passa por uma fase de multiplicação intracelular no hospedeiro vertebrado (homem e mamíferos) e extracelular no inseto vetor (triatomíneos). Estudos revelam que os hospedeiros primitivos de *T. cruzi* na natureza foram o tatu, o tamanduá e o bicho preguiça. Amastigotas, epimastigotas e tripomastigotas interagem com células do hospedeiro vertebrado e apenas as epimastigotas NÃO são capazes de se desenvolver e multiplicar. Os tripomastigotas metacíclicos são eliminados nas fezes e urina do vetor, durante ou logo após o repasto sanguíneo, das quais penetram e interagem com células do SMF (da pele e das mucosas).

Neste local, ocorre a transformação de tripomastigotas em amastigotas, que apresentam multiplicação por divisão binária. Após, as amastigotas apresentam diferenciação em tripomastigotas, que são liberadas da célula. Ao caírem no interstício, as formas tripomastigotas podem infectar novas células, ou serem ingeridos pelos triatomíneos, onde cumprirão um ciclo extracelular. No vertebrado (fase aguda), a parasitemia é mais elevada, podendo ocorrer morte do hospedeiro.

Em humanos, a mortalidade da doença (na fase aguda) ocorre principalmente em crianças e pacientes imunossuprimidos. Caso o vertebrado apresente imunidade competente, ocorre a cronificação da doença (dificultando o diagnóstico). A evolução e desenvolvimento das diferentes formas clínicas da fase crônica podem ser visualizadas após 10 a 15 anos de infecção, ou mais.

No hospedeiro invertebrado, ao ingerirem formas tripomastigotas durante o hematofagismo, ocorre a transformação em formas arredondadas, nomeadas como esferomastigotas, e posteriormente, em epimastigotas. Estas podem ser de duas formas: epimastigotas curtas (multiplicam por divisão binária simples - responsável pela mantenção do protozoário no vetor) ou em esferomastigotas e posterior, em tripomastigotas metacíclicos (que são eliminados nas fezes do vetor, ou urina.

Os mecanismos de transmissão podem ocorrer pelo vetor, onde apresenta maior importância epidemiológica. Nesse sentido, a infecção ocorre por meio da penetração de tripomastigotas metacíclicos, que são eliminadas nas fezes e urina de triatomíneos, durante a hematofagia. Este processo ocorre normalmente em pele ou mucosa íntegra. Outra forma de transfusão é por meio de transfusão sanguínea. Esta forma de transmissão é importante principalmente em países onde a prevalência da doença é alta. Além das duas formas mais comuns de transmissão da tripanossomíase (vetor e transfusão sanguinea), existe a possibilidade de transmissão congênita, acidentes em laboratório, transmissão oral, coito e transplante.

A doença pode ocorrer de duas formas, compreendendo a fase aguda e a fase crônica. As formas de apresentação da doença estão intimamente relacionadas ao estado imunológico do paciente. As formas de apresentação podem ser sintomáticas (aparente) ou assintomáticas (inaparente). A forma assintomática é a mais frequente apresentação da tripanossomíase. Na primeira infância, a forma aguda pode apresentar mortalidade de 10%, devido à meningoencefalite e falência cardíaca (devido à miocardite aguda difusa). A manifestação aguda inicia quando o *T. cruzi* penetra na conjuntiva (sinal de Romaña) ou na pele (chagoma de inoculação), onde a maioria dos casos, apresentam a lesão entre 4-10 dias. Ocorre hiperplasia de tecido linfoide em linfonodos-satélites. O sinal de Romanã caracteriza-se por edema bipalpebral-unilateral, linfadenite-satélite, com linfonodos pré-auriculares, submandibular com aumento de volume. Outras manifestações gerais são verificadas, como febre, edema generalizado, hepatomegalia, esplenomegalia, insuficiência cardíaca.

Após a fase aguda da doença, os sobreviventes passam por um longo período assintomático (10 a 30 anos). Esta fase é chamada de indeterminada (latente). É caracterizada por positividade nos exames; ausência de sintomas; eletrocardiograma convencional; e coração, esôfago e cólon radiograficamente normais. A fase crônica sintomática pode ocorrer após a fase latente, apresentando sintomatologia relacionada ao sistema cardiorespiratório, digestivo ou ambos. Observa-se reativação intensa do processo inflamatório, com dano destes órgãos. Neste, a forma cardíaca da doença atinge cerca de 20 a 40% dos pacientes, apresentando insuficiência cardíaca-congestiva, e isto deve-se ao fato da diminuição da massa muscular do órgão. A forma digestiva está presente em menor número de casos (10 a 11% dos casos), caracterizando o megaesôfago e o megacólon. O megaesôfago pode surgir em qualquer idade, no entanto, o maior número de casos é entre 20 e 40 anos. Sinais como disfagia, odinofagia, dor retroesternal, regurgitação, soluço, tosse, ocorrem nestas situações. Pode ocorrer megacólon e outras patologias digestivas.

A doença de chagas ocasionada pela forma transfusional, na forma aguda, apresenta as condições muito semelhantes às adquiridas por meio do repasto sanguíneo realizado pelo triatomíneo. Entretanto, exceto a ausência do chagoma de inoculação. Na forma transfusional, a febre é o sintoma mais frequente, assim como linfadenopatia e esplenomegalia. A forma congênita da doença pode ocorrer em qualquer momento da gravidez (apresenta baixa frequência 2 a 10% dos casos), causando abortamento, partos prematuros, com nascimentos de bebês abaixo do peso.

A doença de chagas é considerada oportunista nos pacientes imunossuprimidos, principalmente nos pacientes HIV positivos. Nestes casos a doença pode apresentar o envolvimento do Sistema Nervoso Central, apresentando encefalite multifocal e tendem a apresentar necrose; forma tumoral da doença com múltiplas lesões necróticas hemorrágicas; e os parasitos são abundantes no sangue, interior de macrófagos, células gliais. Nestas situações é importante a realização do diagnóstico diferencial de *Toxoplasma gondii*.

A imunidade para *T. cruzi* pode ser verificada pelo sistema complemento inicialmente (potencializando a ação de C3 convertase em convertase C5 - complexo de ataque à membrana (MAC)), e imunidade Inata (muito evidente em aves que são refratárias - por apresentar via alternativa do complemento). A imunidade humoral ocorre pelo surgimento de IgM e IgG precoces, com níveis elevados. A imunidade celular ocorre por meio da ativação de células NK que produzem INF gama.

O diagnóstico pode ser de forma clínica, principalmente se houver sinais de Romaña ou chagoma de inoculação, assim como febre irregular, adenopatia satélite ou generalizada, hepatoesplenomegalia, taquicardia, edema generalizado ou dos pés.

Adicionalmente, o diagnóstico laboratorial pode ser realizado: na fase aguda, alta parasitemia, presença de anticorpos inespecíficos, assim como outros métodos indiretos podem ser realizados. Na fase crônica, observa-se baixa parasitemia, presença de anticorpos específicos, métodos parasitológicos, podem ser realizados.

Denomina-se critério de cura aos parâmetros (clínico e laboratoriais) que são empregados para verificar a eficácia do tratamento de um paciente. Na fase crônica, os critérios clínicos são de valor limitado na fase crônica da infecção. Outros métodos podem ser auxiliares, como no parasitológico (xenodiagnóstico, hemocultura e PCR); sorológicos convencionais (RIFI, ELISA); sorologia não convencional (LMCo - lise mediada por complemento, e AATV - anticorpos anti-tripomastigotas).

A profilaxia para a doença de chagas ocorre por meio das melhorias de condições de vida e dos residentes de áreas rurais, minimizar os desmatamentos (locais de manutenção de potenciais reservatórios e vetor). Adicionalmente, o controle de doadores de sangue é importante. Todas as medidas acima citadas fazem parte de ações de vigilância epidemiológica da doença de chagas, realizadas por meio da Vigilância Epidemiológica (VE). O tratamento normalmente não apresenta boa eficácia, não promovem a cura definitiva em todos os pacientes. Em casos agudos, utiliza-se nifurtimox (Lampit) e benzimidazol (Rochagan).

Trypanosoma (*Herpetosoma*) *rangeli*, foi descrito por Tejera, em 1920, também um protozoário flagelado. Assim como o *T. cruzi*, *T. rangeli* apresenta ciclo heteroxênico, que infecta mamíferos silvestres e domésticos nas Américas. Entretanto, a via de transmissão de *T. rangeli* ocorre por via inoculativa (Salivaria), enquanto *T. cruzi* ocorre pelas fezes (Stercoraria). No Brasil, a doença não ocorre desde 1996, onde ocorrem casos no Município de Barcelos, no Estado do Amazonas. Desta forma, o parasito não será abordado neste texto.

Outro protozoário flagelado é *Trichomonas*. Pertence à família Trichomonadidae, ordem Trichomonadida, classe Parabasalia, filo Zoomastigina, com três espécies ocorrendo em humanos: *Trichomonas vaginalis*, *Trichomonas tenax* e *Trichomonas hominis*.

A morfologia do gênero compreende formato elipsoide ou ovais, e algumas vezes, esféricos. Possuem pseudópodes, dos quais auxiliam a captura de nutrientes e fixam partículas sólidas. Medem de 9,7um de comprimento por 7 um de largura, em lâmina fixada. Vivos, apresentam tamanho um terço maior. Não formam cistos, e apresentam apenas a forma de trofozoíto.

O local de infecção é o trato geniturinário do homem e da mulher, não sobrevivendo fora deste local. Apresentam multiplicação por divisão binária longitudinal, crescendo bem em ambientes com pouca oxigenação (anaeróbio facultativo). Como fonte de energia, o flagelo utiliza glicose, frutose, maltose, glicogênio e amido. A transmissão é considerada uma infecção sexualmente transmissível (IST), apresentando desenvolvimento principalmente em pH maior que 5,0. Associada à elevação do pH, evidencia-se a redução concomitante de *Lactobacillus acidophilus* e aumento de bactérias anaeróbicas. A infecção por *Trichomonas* pode proporcionar problemas relacionados à gravidez, problemas relacionados à fertilidade e transmissão do HIV.

Os sintomas observados na mulher geralmente observados na mulher é a vaginite aguda. Entretanto, mais de 80% dos casos são subclínicos. No homem, também é comumente assintomática, ou pode apresentar quadro de uretrite com fluxo leitoso ou purulento, com leve prurido de uretra. A presença de anticorpos locais e sistêmicos é frequentemente relevada nos indivíduos, apesar da resposta imune não ser persistente na tricomoníase.

O diagnóstico pode ser realizado de forma clínica, diferenciando de outras ISTs, ou de forma laboratorial. A forma laboratorial compreende a realização da coleta de amostras do trato genitourinário, e submissão à exame microscópico ou exame direto a fresco. A profilaxia da tricomoníase compreende medidas já apontadas para a prevenção de outras ISTs, assim como na abordagem de pacientes com ISTs, deve-se questionar sobre dados referente a data do último contato sexual, número de parceiros, hábitos e muito importante, histórico pregresso da doença. O tratamento para é baseado na prescrição de metronidazol (Flagyl) e tinidazol (Fasigyn).

Outro protozoário flagelado de importância médica é a *Giardia*. Ainda hoje, dentre os principais parasitos intestinais que infectam o homem, é um dos protozoários frequentemente encontrados em inquéritos coproparasitológico em diferentes regiões do mundo, especialmente em países em desenvolvimento. Está associado à surtos epidêmicos de diarreia, associados à água para consumo. É um parasito capaz de infectar o intestino delgado de mamíferos, aves, répteis e anfíbios, sendo denominada a doença como giardíase.

A morfologia do protozoário é considerada simples, apresentando algumas estruturas clássicas de uma célula eucariótica: presença de carioteca (membrana nuclear), citoesqueleto complexo e composto por microtúbulos e a presença de vacúolos lisossômicos. *Giardia* apresenta duas formas evolutivas, o trofozoíto e o cisto. O trofozoíto é encontrado no intestino delgado, sendo a forma responsável pela apresentação clínica da doença. Possui formato de pera (piriforme), simetria bilateral, medindo 20x10um, com quatro pares de flagelo. A parte dorsal é convexa, enquanto a parte ventral é convexa (local em que há o disco adesivo - permitem a adesão do protozoário na mucosa intestinal.

O cisto, forma responsável pela transmissão do parasito, é oval ou elipsoide, medindo de 12um de comprimento a 8um de largura, possuindo uma parede cística, tornando os cistos resistentes à ação de produtos químicos.

O ciclo biológico é monoxênico, e ocorre a infecção dos hospedeiros a partir da ingestão do cisto. De acordo com a literatura, poucos cistos são necessários para proporcionar a infecção dos hospedeiros (10 a 100 formas). Após a ingestão, o cisto passa por um processo denominado de desencistamento, que começa no estômago e completa no intestino delgado. Após excitamento, formam-se trofozoítos, que se multiplicam por divisão binária, colonizando o intestino, onde permanecem aderidos pelo disco adesivo. O ciclo completa-se pelo encistamento do parasito e eliminação para o meio exterior. O ceco é considerado o local de encistamento do parasito.

A transmissão ocorre por meio da via fecal-oral, assim como ingestão de cistos presentes na água ou alimentos. Cabe salientar que pode ocorrer contaminação cruzada, além da contaminação acidental durante atividades recreativas. Nos países em desenvolvimento, em ausência de condições básicas de saneamento e tratamento eficiente da água, *Giardia* é um dos principais agentes veiculados. A transmissão direta de pessoa a pessoa, por meio da contaminação das mãos, pode ocorrer em locais em que ocorrem aglomerações de pessoas (escolas, creches, asilos, presídios). Além disso, o potencial de transmissão zoonótica é importante para este protozoário.

A imunidade específica nas infecções por *Giardia* pode ocorrer por mecanismos humorais e celulares, atuando diretamente no controle da infecção. Anticorpos IgG, IgM, IgA anti-*Giardia* tem sido detectado no soro de indivíduos com giardíase, no entanto, o papel dos anticorpos na imunidade protetora ainda não foi totalmente elucidados.

Mecanismos ligados ao parasito (cepa, carga parasitária) e ao hospedeiro (dieta, associação à microflora intestinal, pH do suco gástrico, resposta imune e estado nutricional) podem determinar o mecanismo da patogênese da giardíase. Diferentemente do que ocorre em outras infecções parasitárias, a *Giardia* pode determinar alterações morfológicas e funcionais do epitélio intestinal, sem que haja invasão tissular e celular. As colonizações à nível intestinal pode ocorrer, proporcionando alterações da arquitetura da mucosa intestinal, especialmente na organização das microvilosidades. Estas alterações podem estar relacionadas ao processo inflamatório desencadeado pela resposta imune; grau de infiltração linfocitária e a intensidade da má absorção.

O diagnóstico da giardíase compreende aspectos relacionados à clínica da infecção, principalmente, a visualização das desordens entéricas em crianças. Além disso, deve-se atentar para casos subclínicos, dos quais compreendem 90% dos casos, representando um importante caso para fonte de infecção de novos hospedeiros. O diagnóstico laboratorial compreende métodos coproparasitológicos, identificando formas evolutivas do parasito (trofozoíto ou cistos). Consistência fecal (fezes consistentes - cistos, fezes diarreicas - trofozoíto) e eliminação que não ocorrem de forma contínua, são pontos importantes à serem observados na giardíase humana (podendo durar 10 dias sem excretar formas parasitárias nas fezes - podendo permanecer até 20 dias de forma negativa). Métodos imunológicos e de PCR também podem ser empregados.

A profilaxia desta parasitose consiste em medidas de higiene pessoal (lavar bem as mãos), destino correto das fezes (fossas, rede de esgoto), proteção dos alimentos e tratamento da água, são medidas importantes à serem adotadas, tendo em vista que a doença pode apresentar de pessoa a pessoa assim como a contaminação ambiental e de alimentos pelos cistos do parasito. Embora tenhamos evidências de que *Giardia* que acomete cães e gatos apresenta estruturas semelhantes entre homens, cães e gatos, ainda não foi elucidado completamente se essa infecção pode ser compartilhada entre as espécies.

O tratamento da giardíase compreende a utilização dos 5-nitroimidazóis (metronidazol, tinidazol, ornidazol, secnidazol), dos nitrofuranos (furazolidona), dos corantes de acridina, dos benzimidazóis (albendazol), e mais recente, dos 5-(nitrotiazóis).

Entretanto, embora tenhamos um arsenal de fármacos, muitos proporcionam efeitos colaterais para crianças, que podem apresentar reinfecções e necessitam ser tratadas várias vezes.

Vários patógenos, incluindo diferentes bactérias, vírus, fungos e parasitos, demonstraram a capacidade de infectar o sistema nervoso central (SNC) humano. Eles possuem vários mecanismos moleculares que lhes permitem atravessar a barreira hematoencefálica (BHE) e tomar o cérebro ou a medula espinhal o seu principal alvo de infecção.

As neuroparasitoses são infecções que afetam o sistema nervoso central (SNC) e são causadas por diversos parasitas, incluindo protozoários e helmintos. Entre os agentes etiológicos mais relevantes estão *Toxoplasma gondii*, *Naegleria fowleri*, *Acanthamoeba* spp. e os helmintos do gênero *Taenia*, que provocam doenças como a cisticercose ou neurocisticercose.

Amebas de vida livre são capazes de causar doenças em humanos, mesmo não dependendo de um hospedeiro para sobreviver. A suspeita de que amebas de vida livre poderiam ocasionar doença em humanos foi levantada primeiramente por Culbertson, em 1958. Na Austrália, em 1965, os primeiros casos de Acanthamoeba foram confirmados. No Brasil, em 1970 foram descritos os primeiros casos. Cabe salientar que a infecção por amebas de vida livre não se restringe ao SNC, mas podem afetar a córnea, causando um grave processo infeccioso conhecido como ceratite amebiana.

Este texto tem como objetivo apresentar características morfológicas, ciclo biológico, medidas de controle e profilaxia, e tratamento.

Toxoplasma gondii é o agente etiológico da toxoplasmose, uma infecção que pode ser assintomática em indivíduos saudáveis, mas que representa um risco significativo para gestantes e imunocomprometidos. De acordo com Neves (2022), é um protozoário com ampla distribuição geográfica, podendo atingir 80% da população em determinados países. Adicionalmente, estima-se que 1\3 da população mundial foi ou será exposta ao parasito, em maior parte, de forma subclínica. Em crianças, a forma mais grave da doença ocorre em crianças recém-nascidas, sendo caracterizada por lesões necróticas e inflamatórias. Estas lesões podem ocasionar sequelas neurológicas, associadas à encefalite, coriorretinite e hidrocefalia, com altas taxas de morbidade e letalidade. A doença grave apresenta evolução em indivíduos com sistema imune comprometido, apresentando quadros de encefalite, retinite ou doença sistêmica. Estes grupos incluem indivíduos em tratamento quimioterápico e infectados com HIV.

O parasito foi descrito no mesmo ano por Nicolle e Manceaux (1908) na Tunísia, e por Splendore (1908) no Brasil. Em 1937, ocorre a descrição mais completa do parasito, detalhando que este é um parasito intracelular obrigatório, assim como a fonte de infecção por meio da ingestão de tecidos contaminados. Pode ser encontrado em uma ampla diversidade de tecidos, células (exceto hemácias) e líquidos orgânicos. As formas evolutivas que o parasito apresenta são taquizoítos, bradizoítos e esporozoítos.

Recentemente foi descrita uma organela denominada apicoplasto, localizada no citoplasma dos zoítos (próximo do núcleo). Esta é responsável pela sobrevivência intracelular do parasito, com função de biossíntese de aminoácidos e ácidos graxos.

Cabe salientar que Taquizoítos é a forma encontrada durante a fase aguda da infecção, Bradizoíto em células permanentes de vários tecidos (nervoso, retina, músculo esquelético, cardíaco), e oocistos. Oocistos é a forma parasitária de resistência, que possui uma parede dupla (caráter que permite tal resistência às condições do meio ambiente), e são eliminados nas fezes de felinos. Entretanto, cabe uma atenção, somente oocistos na forma esporulada são capazes de infectar um hospedeiro. Logo após a defecação, felinos excretam em suas fezes oocistos na forma não esporulada, e tornam-se esporulados, após temperatura, umidade e aeração adequadas (1 a 5 dias, aproximadamente). Os oocistos podem permanecer viáveis por cerca de 12 a 18 meses em áreas sombreadas, com umidade e temperatura adequada.

A toxoplasmose é uma doença zoonótica, capaz de infectar uma ampla gama de hospedeiros. Os felídeos são considerados hospedeiros definitivos, enquanto humanos e outros animais, são considerados hospedeiros intermediários. Nesse sentido, a fase sexuada do parasito, chamada de fase coccidiana, ocorre nas células do epitélio intestinal de gatos domésticos e outros felídeos - hospedeiro definitivo. A fase assexuada, que ocorre em diversos hospedeiros (aves, mamíferos inclusive gatos e outros felídeos), são chamados de hospedeiros intermediários. Desta forma, *T. gondii* apresenta um ciclo heteroxeno.

A fase assexuada envolve um hospedeiro susceptível, e após a ingestão, desenvolve a fase assexuada após a ingestão de oocistos esporulados (contendo 2 esporocistos, com 4 esporozoítos em cada esporocisto). São encontrados em água e alimentos não higienizados. Outra forma de infecção é pela ingestão de cistos teciduais (crus) contendo bradizoítos, e raramente, taquizoítos presentes em leite.

Os taquizoítos, esporocistos e bradizoítos sofrem intensa multiplicação intracelular após passagem pelo epitélio intestinal, invadindo células, formando um vacúolo parasitóforo. Após formação do vacúolo, sofrem divisões sucessivas (endodiogenia), formando novos taquizoítos (fase proliferativa - fase aguda da doença). Após resposta imune, alguns taquizoítos diferenciam-se em bradizoítos para a formação de cistos. A fase cística, juntamente com a redução da sintomatologia, caracteriza a fase crônica da doença. Entretanto, o parasito pode apresentar uma reativação da infecção em pacientes imunocomprometidos.

A fase sexuada ocorre somente nas células epiteliais do intestino delgado de gatos e outros felinos não imunes. Nesta fase, ocorrem dois momentos: esquizogonia e gametogonia. Os felinos ingerem cistos, oocistos ou taquizoítos, após penetrarem nas células do epitélio intestinal, multiplicam-se por merogonia, originando merozoítos. O conjunto de merozoítos dentro do vacúolo parasitóforo é chamado de meronte ou esquizonte. Ocorre o rompimento da célula parasitada, penetrando em outras células, diferenciando-se em formas sexuadas: microgameta (masculino) macrogameta (feminino). Ocorre a migração de microgameta em células infectadas com macrogamentas, formando zigoto. Após a evolução, forma-se uma parede dupla, originando o oocisto. Após rompimento da célula epitelial, o oocisto é excretado na forma imatura.

A transmissão do parasito para o ser humano pode ocorrer por 3 vias principais. A ingestão de oocistos na forma esporulada pode ocorrer por meio da ingestão de água, verduras mal higienizadas, solo, ou disseminados mecanicamente por moscas e baratas. A ingestão de cistos pode ocorrer por meio do consumo de carne crua ou mal-cozida (não resistem ao congelamento a 0°C ou aquecimento acima de 67°C). A passagem de taquizoítos pode ocorrer pela transmissão transplacentária, apresentando maiores chances de passagem no primeiro trimestre (14%) e no último trimestre (59%), caracterizando a forma mais grave de transmissão para o feto. Outras formas são menos frequentes, como por exemplo, ingestão de taquizoítos pelo leite, transfusão sanguínea.

A imunidade para a toxoplasmose ocorre por meio da indução da resposta celular específica, onde IFN-γ e IL-12 se comportam como citocinas-chave no processo. A patogenia é dependente da quantidade do parasito que o hospedeiro entrou em contato, forma infectante, tipo de cepa (virulenta ou avirulenta) e da susceptibilidade do hospedeiro, idade. A alta prevalência de cepas atípicas na América do Sul (comparado ao genótipo do tipo II no hemisfério norte), pode estar associada à maior gravidade da toxoplasmose observada no Brasil. Dependendo de qual for a intensidade de replicação, e órgão afetado, podemos ter a apresentação dos sinais clínicos.

Para que tenhamos a toxoplasmose transplacentária ou pré-natal, é necessário que a gestante esteja na fase aguda da doença, ou mais raramente, uma reativação. Pode ocorrer aborto (normalmente no primeiro trimestre), aborto ou nascimento prematuro (no segundo trimestre), ou nascimento de crianças com lesões oculares (lesão de foco em roseta ou roda de carroça), hetoesplenomogalia, edema, miocardite, anemia, trombocitopenia. A toxoplasmose adquirida ou pós-natal, dependendo da cepa e estado imune do indivíduo, pode apresentar-se de forma subclínica. Entretanto, podem apresentar sinais clínicos dependendo da localização do parasito (gânglios, ocular, encefalite - HIV positivo.

O diagnóstico pode ser clínico ou laboratorial, onde o clínico, é por muitas vezes, difícil de ser realizado. Desta forma, o diagnóstico laboratorial pode ser uma boa alternativa. Pode ser realizada a identificação do parasito por meio de testes sorológicos (detecção de anticorpos IgM e IgG). A visualização direta do parasito é rara, mas pode ser realizada em amostras de líquido amniótico líquido cefalorraquidiano em pacientes com a infecção aguda. Em amostras teciduais, sangue total, e líquido amniótico, emprega-se a PCR. Em amostras sorológicas pode ser utilizado técnicas como Reação de Imunofluorescência Indireta, Hemaglutinação Indireta, e Imunoensaio enzimático para detecção de anticorpos anti - *T. gondii*.

As amebas de vida livre podem ser encontradas nos mais diferentes ambientes, tanto os naturais (rios, lagos, mares, solo e poeira) como artificiais (piscinas, água de abastecimento público, aparelhos de ar-condicionado, sistemas de condução de água em unidades dentais e hospitais). Até 2015, 650 casos de infecções cefálicas foram registrados em todo o mundo. Entretanto, a alta mortalidade dos casos envolvendo o SNC, e o risco de perda da visão, ressaltam a necessidade de ampliar o conhecimento sobre estes protozoários. Três grupos são comumente associadas, sendo: *Naegleria fowleri*, gênero *Acanthamoeba* e *Balamuthia mandrillaris*.

Com relação à morfologia e ao ciclo, *Naegleria fowleri* possui estágios que compreendem cisto, trofozoíto ameboide e forma biflageada. Cistos esféricos medem 8 a 12um de diâmetro, dupla parede, e um único núcleo. Os trofozoítos (10 a 25um) são uninucleados e se multiplicam por divisão binária, e apresentam movimentação rápida pela emissão de pseudópodes. Em meio aquoso, pode ocorrer a forma biflagelada piriforme, que não se multiplicam. *N. fowleri* é termofílica, capaz de se multiplicar em temperaturas de até 45°C, motivo pelo qual pode ser encontrada em fontes termais e piscinas aquecidas, ou com cloração inadequada.

Acanthamoeba e *Balamuthia* apresentam ciclo em formas de cistos e trofozoítos, ambos uninucleados com grande nucléolo. Os cistos de Acanthamoeba (10 a 25um) apresentam parede externa (ectocisto), e outra interna (endocisto). A principal característica dos trofozoítos do gênero é a presença de pseudópodes finos e filamentosos, denominado de acantopódios. Podem medir de 15 a 50um e apresentam citoplasma vacuolizado, com vacúolo contrátil destacado. São ativos em ambientes úmidos e aquosos, onde se multiplicam por divisão binária.

Quando esgotados os nutrientes, ou em condições de dessecação, ausência de nutrientes, na presença de desinfetantes, ocorre o encistamento. Além de causar a infecção em humanos por si, Acanthamoeba pode atuar como hospedeira de determinadas bactérias, como *Legionella* spp.

Os trofozoítos de *Balamuthia* têm em média 30um, podendo chegar a 60um e possuem pseudópodes alongados e achatados, diferente dos encontrados em *Acanthamoeba* (formato espinhoso).

A patogenia verificada por amebas de vida livre, pode ser verificada a meningoencefalite amebiana primária, causada por *N. fowleri*, apresentando uma evolução rápida. Há relatos de óbito em 1 semana após a infecção. Em geral a doença acomete indivíduos jovens e saudáveis, onde normalmente, há histórico de natação em lagoas ou piscinas. Os trofozoítos penetram na mucosa nasal, atravessam a placa cribiforme e progridem para o nervo olfatório e migram até o encéfalo. A maioria dos diagnósticos são realizados em exames *post mortem*, apontando para leptomeningite purulenta e lesões hemorrágico-necróticas.

A patogenia envolvendo *Acanthamoeba* ou *Balamuthia*, diferentemente de *N. fowleri*, pode ocorrer na forma de curso prolongado, que pode durar semanas a meses. A infecção do epitélio neuro-olfatório acontece da mesma forma que *N. fowleri*, onde também alcançam o SNC por disseminação hematogênica. Adicionalmente, *Acanthamoeba* pode proporcionar ulceração de córnea humana. A infecção pelo parasito pode ocorrer na córnea quando existir alguma lesão pré-existente.

A suspeita clínica da meningoencefalite ou encefalite granulomatosa por amebas de vida livre é difícil de ser estabelecida. Devem ser considerados os sintomas, o histórico da doença debilitante, de imunossupressão ou de banhos recentes em lagos ou piscinas. A confirmação pode ser realizada por meio da identificação do trofozoíto no LCR por exame direto examinado a fresco.

Nos poucos casos de diagnóstico e tratamento e diagnóstico bem-sucedidos, do SNC, deve ser implementado o tratamento com anfotericina B, miconazol, rifampicina, pentamidina, azitromicina, fluconazol e miltefosina.

Outro parasito que apresenta importância médica como neuroparasitose, é a *Taenia solium*. Apresenta tamanho variado e é encontrado em animais vertebrados. Apresentam o corpo achatado dorsoventralmente, são desprovidos de órgão de adesão na extremidade mais estreita, a anterior, sem cavidade geral, sem sistema digestório e são consideradas hermafroditas.

Didaticamente, a teníase e a cisticercose são duas apresentações que um mesmo parasito pode apresentar ao infectar os hospedeiros vertebrados, em fases de vida distintas. A teníase é uma forma parasitária caracterizada pela forma adulta da *Taenia solium* do intestino delgado do hospedeiro definitivo (humanos). A cisticercose é a alteração provocada pela presença da larva (popularmente conhecida como canjiquinha) nos tecidos dos hospedeiros intermediários (suínos). Hospedeiros anômalos como cães, gatos, macacos e seres humanos podem albergar a forma larval de *T. solium*.

Acredita-se que atualmente, 50 milhões de pessoas no mundo possam estar parasitas, com maior concentração de pessoas infectadas nas áreas endêmicas. A doença ocorre normalmente em áreas rurais do México, Guatemala, El Salvador, Honduras, Colômbia, Equador, Peru, Bolívia e Brasil. De acordo com dados da OPAS e OMS (1997), 30 a 50 milhões de pessoas na América Latina já foram expostas.

O parasito apresenta corpo achatado dorsoventralmente, em forma de fita. Adicionalmente, é dividido em escólex ou cabeça, colo ou pescoço e estróbilo ou corpo. O escólex é uma pequena dilatação, medindo de 0,6 a 1mm situada na extremidade anterior, que funciona como órgão de fixação do cestoide à mucosa do intestino delgado de humanos. Apresentam quatro ventosas formadas de tecido muscular, arredondadas e proeminentes, que facilitam a fixação à mucosa. Além disso, a *T. solium* possui o escólex globoso, com um rostelo ou rostro, situado na posição central, entre as ventosas.

O colo, porção mais delgada do corpo, é a zona de crescimento do parasito e a formação de proglotes. O estróbilo é o restante do corpo do parasito. Inicia-se logo após o colo. Cada segmento formado denomina-se proglote ou anel, podendo ter entre 800 e 1000, chegando a 3 metros na *T. solium*, sendo divididas em jovens, maduras e grávidas. Os ovos são esféricos, medem cerca de 30mm de diâmetro, possuem uma casca protetora, embrióforo, que são formados por blocos piramidais de quitina. Internamente, encontra-se o embrião hexacanto ou oncosfera, provido de três pares de ganchos e dupla membrana.

O cisticerco da *T. solium* é constituído de uma vesícula translúcida, com líquido claro, contendo invaginado em seu interior o escólex com quatro ventosas, rostelo e colo. As larvas podem chegar até 12mm de comprimento, após 4 meses de infecção. No sistema nervoso central dos humanos, o cisticerco por se manter viável por vários anos. O cisticerco pode apresentar diferentes formatos ao longo dos anos, como: estágio vesicular; estágio coloidal; estágio granular; e estágio granular calcificado.

Nos ventrículos cerebrais e espaço subaracnóideo, pode ser verificada a larva perde a forma elipsoide e assume um aspecto irregular (forma racemosa). O escólex não é identificado e o tamanho pode variar de 10 a 20cm. O agrupamento de membranas que é formato neste momento, confere a forma de cacho de uva para o agrupamento.

O ciclo biológico ocorre quando seres humanos excretam em suas fezes proglotes grávidas com ovos em seu interior. No meio exterior, as proglotes são rompidas por efeito de contração muscular ou da decomposição das suas estruturas, liberando milhares de ovos no solo. Os ovos podem apresentar grande longevidade quando protegidos da luz solar. Os hospedeiros intermediários (suínos) ingerem os ovos, e os embrióforos (casca do ovo) sofrem ação da pepsina no estômago. No intestino, as oncosferas sofrem a ação de sais biliares, que são importantes para a ativação e liberação. Uma vez ativadas, as oncosferas libera o embrióforo, que se movimentam no sentido da vilosidade, onde penetram com o auxílio dos ganchos. Permanecem neste local por cerca de quatro dias, e após, adentram as vênulas, alcançam as veias e os vasos linfáticos mesentéricos, e migram pelos tecidos, até chegar no local de implantação por bloqueio do capilar.

As oncosferas desenvolvem-se em cisticercose em qualquer tecido mole, mas ocorre maior preferência por tecidos com maior oxigenação. No interior do tecido, cada oncoesfera transforma em um pequeno cisticerco delgado e translúcido. Permanecem viáveis por tempos nos tecidos, assim como no sistema nervoso central (pode permanecer viável por anos).

A infecção de humanos ocorre por meio da ingestão de tecidos contaminados de suínos, e após a ingestão, o cisticerco ingerido sofre ação do suco gástrico, envagina-se e fixa-se, por meio do escólex, na mucosa do intestino delgado, transformando-se em uma tênia adulta. Após três meses de ingestão, ocorre a eliminação de proglotes gravídicos. Um fato interessante é que a proglote de *T. solium* possui menor movimentação quando comparados à *T. saginata*. A longevidade de *T. solium* é de três anos, enquanto a de *T. saginata* é de até 10 anos.

Outra forma da doença é a cisticercose humana, ingerindo ovos viáveis de *T. solium* eliminados nas fezes de portadores de teníase. Os mecanismos poderiam ocorrer por meio de autoinfecção externa; autoinfecção interna; e heteroinfecção. A autoinfecção externa ocorre quando o indivíduo infectado excreta proglotes e ovos nas fezes, e o indivíduo leva a mão à boca; autoinfecção interna quando o indivíduo apresenta vômitos ou movimentos retroperistálticos com a presença de ovos ou proglotes. O suco gástrico pode proporcionar o rompimento das oncosferas e liberando o embrióforo.

A cisticercose é responsável por graves alterações nos tecidos humanos, podendo alojar-se em tecidos como bulbo ocular, e com maior frequência, sistema nervoso central (apresentam tropismo de 79-96% dos casos). Aas outras formas de cisticercose que podem ocorrer poderão afetar diferentes tecidos, assim como seus respectivos sinais clínicos. Na neurocisticercose, podemos verificar poucas quantidades de cisticercose, normalmente assintomáticos. Entretanto, alguns pacientes podem apresentar crises epilépticas. Caso ocorra infecção maciça, podem apresentar hipertensão intracraniana, crises de difícil controle medicamentoso e déficit cognitivo.

O diagnóstico da forma cisticercose, compreende a avaliação de aspectos clínicos, epidemiológicos e laboratoriais. Desta forma, questionamentos referentes à relatos de criação de suínos, hábitos higiênicos, qualidade da água, entre outros, são importantes de serem realizados. No diagnóstico laboratorial pode ser realizada a pesquisa do parasito por meio de observações anatomopatológicas de biópsias, necrópsias e cirurgias. O cisticerco ainda pode ser observado em exame de fundo de olho.

Adicionalmente, o diagnóstico da neurocisticercose pode ser realizado por meio do exame de líquor, neuroimagem e detecção de anticorpos no soro.

A profilaxia, de acordo com relatórios da Organização Pan-Americana de Saúde (OPAS), consiste no controle de humanos parasitados com a forma adulta da tênia; e bloqueio do ciclo, evitando que as pessoas façam a ingestão de carne contaminada, assim como ovos de tênia. Adicionalmente, a inspeção rigorosa de produtos cárneos, medidas de saneamento básico, qualidade da água, são medidas que podem ser adotadas.

De acordo com a OMS, uma carcaça que apresente aproveitamento após determinação como infecção moderada ou localizada, deve ser realizado o tratamento pelo frio (-15°C por 15 dias), pelo calor (temperatura mínima de 60°C) ou salga (temperatura de 10°C).

O tratamento da neurocisticercose envolve a administração de praziquantel e albendazol. O principal objetivo do tratamento farmacológico é a destruição simultânea de múltiplos cisticercose, controlando um eventual surgimento de reação inflamatória com corticoides.

Existe uma outra doença parasitária considerada neuroparasitose, caracterizando a hidatidose cerebral. Possui agente etiológico parasitos do gênero *Echinococcus*, entretanto, é de baixa frequência a apresentação clínica no cérebro.

Adicionalmente, duas espécies de *Trypanosoma* podem propiciar uma neuroparasitose, correndo na África equatorial, transmitidas por moscas tsé-tsé e é conhecida como doença do sono. Há duas formas de doença do sono. Cada uma é causada por uma espécie diferente de *Trypanosoma*. Uma forma (causada por *Trypanosoma brucei gambiense*) ocorre na África ocidental e central. A outra forma (causada por *Trypanosoma brucei rhodesiense*) ocorre na África oriental. Ambas ocorrem em Uganda.

A Organização Mundial da Saúde (OMS) está tentando erradicar a tripanossomíase africana e, como resultado dos esforços de controle, houve uma redução drástica nos casos dessa infecção durante os últimos 20 anos (>95%, tendo ocorrido aproximadamente 800 casos em 2021). Em média, um caso é diagnosticado nos Estados Unidos a cada ano, sempre em viajantes ou imigrantes de regiões endêmicas (regiões do mundo onde a doença é endêmica).

Outra doença que pode afetar o SNC é ocasionada pela infecção de parasita nematóide, *Angiostrongylus cantonensis*, agente etiológico da angiostrongilíase, causa mais comum de meningite eosinofílica no sudeste da Ásia e bacia do Pacífico.

Os hemoparasitos são organismos parasitários que invadem o sistema circulatório humano, causando uma série de doenças que podem variar em gravidade. Entre os mais conhecidos estão os protozoários do gênero *Plasmodium*, responsáveis pela malária, e os tripanossomatídeos, causadores da doença de Chagas e da leishmaniose. Essas doenças representam um significativo problema de saúde pública em diversas regiões do mundo, especialmente em países tropicais e subtropicais. De acordo com a Organização Mundial da Saúde (OMS), a malária sozinha foi responsável por aproximadamente 627 mil mortes em 2020, com a maioria dos casos ocorrendo na África Subsaariana. Além disso, estima-se que cerca de 241 milhões de pessoas foram infectadas pelo *Plasmodium* no mesmo ano. A doença de Chagas, por sua vez, afeta cerca de 6 a 7 milhões de pessoas globalmente, com uma alta incidência na América Latina, enquanto a leishmaniose registra cerca de 700 mil a 1 milhão de novos casos anualmente. Esses dados alarmantes destacam a importância de se compreender a epidemiologia, os mecanismos de transmissão e as estratégias de controle e tratamento dos hemoparasitos.

Dentro das hemoparasitoses, destaca-se as que acometem sangue e tecidos, como as causadas pelos parasitos da ordem Kinetoplastea e família Trypanosomatidae, sendo que se destacam os parasitos do gênero *Trypanosoma* e *Leishmania*. Os protozoários flagelados apresentam como característica a presença de cinetoplasto, onde apresentam um tamanho entre 2 a 130 μm (REY 2008). *Trypanosoma* é o agente etiológico da doença de Chagas e *Leishmania* das leishmanioses humanas, e por este motivo apresentam importância médica e econômica. Em animais, outras espécies dos mesmos gêneros causam impacto econômico e sanitário (REY 2008).

O parasito *Trypanosoma cruzi* é o agente etiológico da Doença de Chagas, também chamada de tripanossomíase americana. A doença é frequente nas Américas, principalmente na América Latina. Foi descoberto e descrito por Carlos Ribeiro Justiniano das Chagas em 1909, que era o chefe dos trabalhos de combate à malária em Minas Gerais (local em que estava sendo construída a Estrada de Ferro Central do Brasil). Neste momento, encaminhou ao instituto Oswaldo Cruz, barbeiros que foram identificados com o agente etiológico da doença de Chagas. Em 14 de abril de 1909, Carlos Chagas identifica o flagelado em uma criança de 2 anos. Como característica epidemiológica, a mãe havia informado que a criança havia sido exposta a um repasto sanguíneo por barbeiro (NEVES 2022). O processo de multiplicação dos flagelados ocorre por meio de divisão binária simples, longitudinal ou múltipla (REY 2008). No entanto, anteriormente, ocorre duplicação do DNA no cinetoplasto, onde posteriormente sofrerá divisão. Em divisão binária, o corpo celular divide-se para o pólo anterior (flagelar), para o posterior.

As formas evolutivas dos parasitos da família Trypanosomatidae apresentam variações. Podem apresentar diversificação quanto à dimensão, morfologia e organização, de acordo com o hospedeiro e circunstâncias do meio. Comumente, verifica-se a presença de formas amastigotas, promastigotas, epimastigotas e tripomastigotas. As formas amastigotas apresentam pequeno tamanho, contorno circular, ovoide ou fusiforme. Apresentam cinetoplasto visível, flagelo intracelular (proporcionando a imobilidade desta forma). A forma promastigota é caracterizada por ser uma forma alongada, com cinetoplasto anterior ao núcleo. A forma epimastigota, apresenta distinção da promastigota, por apresentar cinetoplasto que está próximo ao núcleo, assim como bolso flagelar que se apresenta lateralmente e presença de bainha flagelar (membrana ondulante). Já a forma tripomastigota, apresenta forma alongada com cinetoplasto inserido posteriormente ao núcleo, e flagelo com extensa membrana ondulante (NEVES 2022; REY 2008). Outras formas intermediárias entre as fases acima descritas são esferomastigota (transição entre amastigota e formas flageladas). Formas opistomastigota (sem membrana ondulante) e coanomastigota (pequenas formas, corpo curto) são identificadas em flagelados do gênero Herpetomonas e Crithidia, respectivamente (NEVES 2022), que não possuem importância médica. Dentro do gênero Trypanosoma, podemos identificar que T. cruzi apresenta a forma de tripomastigota no sangue, e nos tecidos, forma amastigota (REY 2008). Mais de 150 espécies de Trypanosoma já foram descritas parasitando vertebrados, sendo apresentada duas seções: Stercoraria e Salivaria (NEVES 2022). A subdivisão Stercoraria apresenta três subgêneros, apresentando a forma tripomastigota em desenvolvimento no intestino posterior de triatomíneos hematófagos (fezes do vetor proporcionam a contaminação). A seção Salivaria apresenta desenvolvimento e transmissão por meio de porções anteriores do tubo digestivo de dípteros, como o *Trypanosoma brucei*. A transmissão para os hospedeiros vertebrados ocorre por meio do contato com fezes do vetor com mucosas ou pele escarificada, por meio da picada do inseto vetor (seção Salivaria) e por meio da ingestão do vetor pelo hospedeiro vertebrado (NEVES 2022).

Com relação ao gênero *Leishmania*, cerca de 10 espécies foram descritas infectando humanos. Embora haja uma diversidade ampla de espécies de *Leishmania*, cada espécie possui um hospedeiro vertebrado e invertebrado preferencial. Um hospedeiro vertebrado será considerado como reservatório somente se houver facilidade de infecção pelos vetores. O estágio do parasito em vetores (gênero *Phlebotomus* e *Lutzomyia*) são as formas promastigotas e paramastigotas. Existem mais de 90 espécies de flebotomíneos capazes de transmitir Leishmania, entretanto, sugere-se outras formas de transmissão do agente em áreas endêmicas. Em vertebrados, a forma parasitária nestes hospedeiros é amastigota (intracelular), principalmente em macrófagos. Quando ingeridas pelos insetos vetores, ocorre rápida transformação em promastigotas. No momento do repasto sanguíneo, juntamente com a saliva, ocorre a inoculação das formas promastigotas no hospedeiro vertebrado. As formas amastigotas medem de 2 a 5 μm de diâmetro, enquanto as promastigotas medem de 10 a 40 μm de comprimento, por 1,5 a 3 μm de diâmetro, com um flagelo de mesmo tamanho, ou superior (NEVES 2022). As formas promastigotas metacíclicas são as formas infectantes para os hospedeiros vertebrados, apresentando diâmetros inferiores aos descritos para as promastigotas, no entanto, com flagelo longo (duas vezes o tamanho do corpo). A multiplicação do parasito ocorre por meio da duplicação do cinetoplasto, divisão nuclear e divisão do corpo. O ciclo biológico do parasito ocorre por meio da infecção de formas promastigotas metacíclicas, das quais são inoculadas pelos insetos fêmeas.

O gênero *Plasmodium* compreende várias espécies, das quais as mais relevantes para a saúde humana são *Plasmodium falciparum*, *Plasmodium vivax*, *Plasmodium ovale*, *Plasmodium malariae* e *Plasmodium knowlesi*. Cada uma dessas espécies possui características distintas que influenciam a patogenicidade, a distribuição geográfica e a resposta ao tratamento.

Plasmodium falciparum é a espécie mais virulenta e responsável pela maioria das mortes por malária. Ele se caracteriza por um ciclo de vida complexo que envolve dois hospedeiros: o mosquito *Anopheles* e o ser humano. No mosquito, o *Plasmodium* se desenvolve em formas sexuadas chamadas gametócitos, que se fundem para formar o oocineto, que se transforma em oocisto e, finalmente, em esporozoítos. Esses esporozoítos são transmitidos ao humano durante a picada do mosquito, iniciando a fase hepática do ciclo. No fígado, os esporozoítos se multiplicam assexuadamente, formando merozoítos que invadem os glóbulos vermelhos, onde continuam a se multiplicar e causar os sintomas característicos da malária, como febre, calafrios e anemia.

Plasmodium vivax e *Plasmodium ovale* são conhecidos por sua capacidade de formar hipnozoítos, formas dormentes que podem permanecer no fígado por longos períodos e causar recaídas. *Plasmodium malariae*, embora menos comum, pode persistir no sangue por anos, causando infecções crônicas. *Plasmodium knowlesi*, anteriormente considerado um parasita de macacos, tem emergido como uma causa significativa de malária em humanos no Sudeste Asiático.

Toxoplasma gondii é o agente etiológico da toxoplasmose, uma infecção que pode ser assintomática em indivíduos saudáveis, mas que representa um risco significativo para gestantes e imunocomprometidos. De acordo com Neves (2022), é um protozoário com ampla distribuição geográfica, podendo atingir 80% da população em determinados países. Adicionalmente, estima-se que 1\3 da população mundial foi ou será exposta ao parasito, em maior parte, de forma subclínica. Em crianças, a forma mais grave da doença ocorre em crianças recém-nascidas, sendo caracterizada por lesões necróticas e inflamatórias. Estas lesões podem ocasionar sequelas neurológicas, associadas à encefalite, coriorretinite e hidrocefalia, com altas taxas de morbidade e letalidade. A doença grave apresenta evolução em indivíduos com sistema imune comprometido, apresentando quadros de encefalite, retinite ou doença sistêmica. Estes grupos incluem indivíduos em tratamento quimioterápico e infectados com HIV.

O parasito foi descrito no mesmo ano por Nicolle e Manceaux (1908) na Tunísia, e por Splendore (1908) no Brasil. Em 1937, ocorre a descrição mais completa do parasito, detalhando que este é um parasito intracelular obrigatório, assim como a fonte de infecção por meio da ingestão de tecidos contaminados. Pode ser encontrado em uma ampla diversidade de tecidos, células (exceto hemácias) e líquidos orgânicos. As formas evolutivas que o parasito apresenta são taquizoítos, bradizoítos e esporozoítos.

Recentemente foi descrita uma organela denominada apicoplasto, localizada no citoplasma dos zoítos (próximo do núcleo). Esta é responsável pela sobrevivência intracelular do parasito, com função de biossíntese de aminoácidos e ácidos graxos. Cabe salientar que Taquizoítos é a forma encontrada durante a fase aguda da infecção, Bradizoíto em células permanentes de vários tecidos (nervoso, retina, músculo esquelético, cardíaco), e oocistos. Oocistos é a forma parasitária de resistência, que possui uma parede dupla (caráter que permite tal resistência às condições do meio ambiente), e são eliminados nas fezes de felinos. Entretanto, cabe uma atenção, somente oocistos na forma esporulada são capazes de infectar um hospedeiro. Logo após a defecação, felinos excretam em suas fezes oocistos na forma não esporulada, e tornam-se esporulados, após temperatura, umidade e aeração adequadas (1 a 5 dias, aproximadamente). Os oocistos podem permanecer viáveis por cerca de 12 a 18 meses em áreas sombreadas, com umidade e temperatura adequada.

A toxoplasmose é uma doença zoonótica, capaz de infectar uma ampla gama de hospedeiros. Os felídeos são considerados hospedeiros definitivos, enquanto humanos e outros animais, são considerados hospedeiros intermediários. Nesse sentido, a fase sexuada do parasito, chamada de fase coccidiana, ocorre nas células do epitélio intestinal de gatos domésticos e outros felídeos - hospedeiro definitivo. A fase assexuada, que ocorre em diversos hospedeiros (aves, mamíferos inclusive gatos e outros felídeos), são chamados de hospedeiros intermediários. Desta forma, *T. gondii* apresenta um ciclo heteroxeno.

A fase asexuada envolve um hospedeiro susceptível, e após a ingestão, desenvolve a fase assexuada após a ingestão de oocistos esporulados (contendo 2 esporocistos, com 4 esporozoítos em cada esporocisto). São encontrados em água e alimentos não higienizados. Outra forma de infecção é pela ingestão de cistos teciduais (crus) contendo bradizoítos, e raramente, taquizoítos presentes em leite.

Os taquizoítos, esporocistos e bradizoítos sofrem intensa multiplicação intracelular após passagem pelo epitélio intestinal, invadindo células, formando um vacúolo parasitóforo. Após formação do vacúolo, sofrem divisões sucessivas (endodiogenia), formando novos taquizoítos (fase proliferativa - fase aguda da doença). Após resposta imune, alguns taquizoítos diferenciam-se em bradizoítos para a formação de cistos. A fase cística, juntamente com a redução da sintomatologia, caracteriza a fase crônica da doença. Entretanto, o parasito pode apresentar uma reativação da infecção em pacientes imunocomprometidos.

A fase sexuada ocorre somente nas células epiteliais do intestino delgado de gatos e outros felinos não imunes. Nesta fase, ocorrem dois momentos: esquizogonia e gametogonia. Os felinos ingerem cistos, oocistos ou taquizoítos, após penetrarem nas células do epitélio intestinal, multiplicam-se por merogonia, originando merozoítos. O conjunto de merozoítos dentro do vacúolo parasitóforo é chamado de meronte ou esquizonte. Ocorre o rompimento da célula parasitada, penetrando em outras células, diferenciando-se em formas sexuadas: microgameta (masculino) macrogameta (feminino). Ocorre a migração de microgameta em células infectadas com macrogamentas, formando zigoto. Após a evolução, forma-se uma parede dupla, originando o oocisto. Após rompimento da célula epitelial, o oocisto é excretado na forma imatura.

A transmissão do parasito para o ser humano pode ocorrer por 3 vias principais. A ingestão de oocistos na forma esporulada pode ocorrer por meio da ingestão de água, verduras mal higienizadas, solo, ou disseminados mecanicamente por moscas e baratas. A ingestão de cistos pode ocorrer por meio do consumo de carne crua ou mal-cozida (não resistem ao congelamento a 0°C ou aquecimento acima de 67°C). A passagem de taquizoítos pode ocorrer pela transmissão transplacentária, apresentando maiores chances de passagem no primeiro trimestre (14%) e no último trimestre (59%), caracterizando a forma mais grave de transmissão para o feto. Outras formas são menos frequentes, como por exemplo, ingestão de taquizoítos pelo leite, transfusão sanguínea.

A imunidade para a toxoplasmose ocorre por meio da indução da resposta celular específica, onde IFN-γ e IL-12 se comportam como citocinas-chave no processo. A patogenia é dependente da quantidade do parasito que o hospedeiro entrou em contato, forma infectante, tipo de cepa (virulenta ou avirulenta) e da susceptibilidade do hospedeiro, idade. A alta prevalência de cepas atípicas na América do Sul (comparado ao genótipo do tipo II no hemisfério norte), pode estar associada à maior gravidade da toxoplasmose observada no Brasil. Dependendo de qual for a intensidade de replicação, e órgão afetado, podemos ter a apresentação dos sinais clínicos.

Para que tenhamos a toxoplasmose transplacentária ou pré-natal, é necessário que a gestante esteja na fase aguda da doença, ou mais raramente, uma reativação. Pode ocorrer aborto (normalmente no primeiro trimestre), aborto ou nascimento prematuro (no segundo trimestre), ou nascimento de crianças com lesões oculares (lesão de foco em roseta ou roda de carroça), hetoesplenomogalia, edema, miocardite, anemia, trombocitopenia. A toxoplasmose adquirida ou pós-natal, dependendo da cepa e estado imune do indivíduo, pode apresentar-se de forma subclínica. Entretanto, podem apresentar sinais clínicos dependendo da localização do parasito (gânglios, ocular, encefalite - HIV positivo.

O diagnóstico pode ser clínico ou laboratorial, onde o clínico, é por muitas vezes, difícil de ser realizado. Desta forma, o diagnóstico laboratorial pode ser uma boa alternativa. Pode ser realizada a identificação do parasito por meio de testes sorológicos (detecção de anticorpos IgM e IgG). A visualização direta do parasito é rara, mas pode ser realizada em amostras de líquido amniótico líquido cefalorraquidiano em pacientes com a infecção aguda. Em amostras teciduais, sangue total, e líquido amniótico, emprega-se a PCR. Em amostras sorológicas pode ser utilizado técnicas como Reação de Imunofluorescência Indireta, Hemaglutinação Indireta, e Imunoensaio enzimático para detecção de anticorpos anti - *T. gondii*.

O tratamento da toxoplasmose é considerado incurável, no entanto, reduzem a faze proliferativa (taquizoítos). Os medicamentos mais utilizados são pirimetamina, sulfadiazina, sulfadoxina, ácido fólico. Além destes, pode ocorrer associação com anti-inflamatórios, dependendo se a paciente estiver gestando, assim como a fase gestacional e detecção em líquido amniótico, e outros grupos de risco.

O parasito *Plasmodium* pertence ao filo Apicomplexa e família plasmodiidae e é considerado o gênero que ocasiona a malária em humanos. A malária já esteve descrita em escritos chineses em 3000a.c, tábuas mesopotâmicas (200a.c). Entretanto, somente no início do século XIX que o termo malária teve origem. Atualmente, quatro espécies parasitam exclusivamente o ser humano: *Plasmodium falciparum*, *P. vivax*, *P. malariae* e *P. ovale*. Recentemente, outra espécie está sendo associada, o *Plasmodium knowesi*, no continente asiático.

O ciclo biológico ocorre de duas formas: um no hospedeiro vertebrado (humanos), e outro, no hospedeiro invertebrado (inseto). A malária inicia quando esporozoítos infectados são inoculados no hospedeiro vertebrado, pelo inseto vetor. Como possuem motilidade, migram para vasos linfáticos e linfonodos proximais. Adicionalmente, o *Plasmodium* pode migrar para os hepatócitos, pois possui proteínas formadoras de poros (SPECT1), proteína semelhante à porfirina (PLPsP) e proteína circum-esporozoíto (CS). Após a invasão de hepatócitos, transformam-se em trofozoítos pré-eritrocíticos. Assim, ocorre multiplicação de forma assexuada, do tipo esquizogonia, originando esquizontes teciduais e milhares de merozoítos que irão invadir eritrócitos.

O ciclo eritrocitário ocorre quando os merozoítos tissulares invadem os eritrócitos e ocorre em três etapas: interações iniciais que causam deformação eritrocitária; interações apicais e invasão; e fase final de recuperação celular. O desenvolvimento intraeritrocitário do parasito dá-se por esquizogonia, com consequente formação de merozoítos que invadem novos eritrócitos. Após algumas gerações, são formados os gametócitos, que não se dividem mais, e seguirão seu desenvolvimento no vetor, originando os esporozoítos.

No hospedeiro invertebrado (vetor), durante o repasto sanguíneo, a fêmea do anofelino ingere as formas sanguíneas do parasito, mas somente os gametócitos evoluem no inseto, dando origem ao ciclo sexuado (esporogônico). No intestino do inseto ocorre o processo de gametogênese. O gametócito feminino dá origem ao macrogameta, e o masculino, à oito microgametas, formando o ovo ou zigoto. Este passa a ter movimentação (oocineto) e migra para a parede do intestino médio, onde passa a ser chamado de oocisto. Após 9 dias, rompem e são liberados esporozoítos, onde são dispersos ao longo do corpo do inseto, em especial, à hemolinfa glândulas salivares. Após, ocorre o respeito sanguíneo para o hospedeiro vertebrado.

Desta forma, a transmissão ocorre por meio do repasto sanguíneo que as fêmeas do mosquito do gênero Anopheles realizam. Neste processo, ocorre a inoculação de esporozoítos presente em suas glândulas salivares. Desta forma, a fonte de infecção para os mosquitos, são outras pessoas doentes, ou que indivíduos assintomáticos. Além de humanos, primatas podem ser potenciais reservatórios de *P. malariae*.

Com relação à patogenia do *Plasmodium*, percebe-se que apenas o ciclo eritrocítico. A destruição dos eritrócitos e a consequente liberação dos parasitos e metabólitos na circulação proporcionam a resposta, resposta do hospedeiro. O processo de destruição está presente em todos os tipos de malária, em maior ou menor grau, resultando em quadro anêmico. A liberação de citocinas, durante a fase aguda, ocorre a ativação e mobilização de células imunocompetentes e que produzem citocinas; fator de necrose tumoral - TNF, IL - 1, IL-6 e IL-8, são exemplos de citocinas que atuam nesta fase. O sequestro de eritrócitos parasitados ocorre por meio da adesão à parede endotelial dos capilares, caracterizando o fenômeno de formação de rosetas.

O diagnóstico ocorre por meio clínico e laboratorial. Como os sinais clínicos são inespecíficos, ou a doença apresenta-se de forma subclínica, é importante associar dados epidemiológicos para a suspeita da doença. O diagnóstico laboratorial pode ser realizado, sendo empregado o método do esfregaço espesso (gota espessa) ou delgado de sangue. Ambas as técnicas são submetidas à coloração para a visualização do parasito. A diferenciação específica da espécie dos parasitos é importante para a orientação do tratamento da malária.

A profilaxia da malária pode ser realizada a nível individual ou coletivo. Medidas para evitar o contato com o mosquito são importantes. Desta forma, evitar aproximação de áreas de risco ao entardecer (mosquito possui hábitos noturnos). Adicionalmente, em áreas endêmicas, informações relacionadas ao vetor, uso de roupas claras, manga longa, medidas de barreira (telas em portas e janelas), uso de repelente. Como não há vacinas, anteriormente podia ser realizada a quimioprofilaxia. Entretanto, com a identificação da resistência parasitária e potencial tóxico dos antimaláricos, a política adotada é de orientação para o diagnóstico e tratamento oportuno. A quimioprofilaxia pode ser recomendada para viajantes de áreas endêmicas, com a utilização de doxiciclina (100mg\dia).

O gênero *Babesia* incluem protozoários intraeritrocitários, que infectam animais domésticos, silvestres, e ocasionalmente, seres humanos. Atualmente, a babesiose é considerada uma parasitose emergente, não tendo muitos casos notificados no Brasil. Em condições normais, este parasito é transmitido por carrapatos da família Ixodidae. Diferentemente de Plasmodium, não há formação de pigmento no citosplasma de eritrócitos. Trofozoítos são as formas simples, arredondadas ou ovais, e merozoítos, formas alongadas, piriformes, elípticas.

Quando um carrapato realiza o repasto sanguíneo em um hospedeiro infectado, ocorre o início do ciclo. O carrapato ingere formas de *Babesia*, presentes nas hemácias, mas somente gametas conseguem se desenvolver. No tubo digestivo ocorre a lise das hemácias, liberando gametas que se fecundam, originando o cineto (zigoto), que invadem as células intestinais e fazem esquizogonia (reprodução assexuada), formando esporocineteos. Estes, são disseminados pela hemolinfa e atingem os ovários, infectando ovos. Desta forma, o parasito passa para as próximas gerações de carrapatos, caracterizando uma transmissão vertical transovariana). Nas larvas, os parasitos que atingem a glândula salivar do carrapato, multiplicam-se e podem ser transmitidos para os hospedeiros vertebrados no momento do repasto sanguíneo.

Os humanos infectam-se ao serem picados por carrapatos infectados, ou por meio de transfusão sanguínea. Os casos humanos notificados são os mesmos identificados parasitando bovinos, equinos e roedores. No Brasil, caso já foi descrito, sem identificação da espécie. As espécies mais comuns que são notificadas no Brasil são em bovinos (*B. bigemina* e *B. bovis*), em cavalos (*B. caballi*) e em cães (*B. canis* e *B. gibsoni*).

A babesiose em humanos é considerada uma doença febril aguda, caracterizada por mialgias, fadiga, anemia hemolítica. O quadro pode ser confundido com o de malária. O diagnóstico da doença deve ocorrer na fase aguda, com a visualização dos parasitos em esfregaços sanguíneos de sangue, corados com Giemsa. Caso a parasitemia seja baixa, pode-se utilizar métodos imunológicos.

A Leishmaniose Tegumentar Americana (LTA) é uma doença causada por diferentes espécies de parasitos do gênero *Leishmania* (Ross, 1903), pertencente aos subgêneros *Viannia* e *Leishmania*. No Brasil, as seguintes espécies ocorrem: *Leishmania (Viannia) braziliensis, Leishmania (Viannia) guyanensis, Leishmania (Viannia) lainsoni, Leishmania (Viannia) shawi, Leishmania (Viannia) naiffi, Leishmania (Leishmania) amazonensis.*

A morfologia ocorre de duas formas para as leishmanias: formas amastigotas e formas promastigotas. As formas amastigotas são ovoides ou esféricas, não há presença de flagelo livre, com tamanho entre 1,5 e 3 x 3 e 6,5um. As formas promastigotas são alongadas em cuja extremidade anterior, emerge o flagelo, com tamanho entre 16 e 40 (comprimento) x 1,5 e 3um (largura), incluindo o flagelo, que normalmente é maior que o corpo. O processo de multiplicação das leishmanias ocorre de forma binária.

Os hospedeiros invertebrados são pequenos insetos, da ordem Diptera, família Psychodidae, subfamília, Phlebotominae, gênero *Lutzomyia*, ocorrendo o ciclo biológico do parasito. Os hospedeiros vertebrados compreendem uma ampla gama de mamíferos, sendo roedores, edentatus (tamanduá, tatu, preguiça), marsupiais (gambá), canídeos e primatas, incluindo humanos, considerados hospedeiros do parasito.

O ciclo biológico compreende um ciclo no vetor, onde uma fêmea realiza o repasto sanguíneo em um hospedeiro vertebrado, parasitado, ingerindo macrófagos parasitados. As formas amastigotas de *Leishmania* são encontradas parasitando células do sistema manonuclear fagocítico (SMF) do hospedeiro vertebrado, principalmente macrófagos na pele. Ao realizar o repasto, os macrófagos parasitados são rompidos no estômago do vetor (com as formas amastigotas), com as formas amastigotas. As formas amastigotas realizam uma divisão binária antes de transformarem-se em promastigotas. Estas também realizam divisões binárias, assumindo diferentes formas.

As promastigotas, pertencentes ao gênero *Viannia*, dirigem-se para o intestino posterior, onde se estabelecem nas regiões do piloro e do íleo. Neste local as promastigotas ainda apresentam divisão, e após, migram para o estômago e dirigem-se para a faringe do inseto. Ao migrarem, atingem o estágio de promastigotas metacíclicas (estágio infectivo). No segundo caminho, as formas promastigotas das espécies do subgênero *Leishmania* multiplicam-se livremente, aderidas ao estômago. Na sequência, retornam para a região anterior do estômago e posteriormente, migram para a faringe.

O ciclo no vertebrado ocorre com início no momento do repasto sanguíneo, ocorrendo regurgitação e introdução de formas promastigotas no local da picada. Em 4 a 8 horas, os flagelos são interiorizados pelos macrófagos teciduais. A saliva do inseto possui propriedades vasodilatadoras, facilitando a alimentação do inseto. Após fagocitose, as formas promastigotas transformam-se em amastigotas, e dentro do vacúolo fagocitário, multiplicam-se por divisão binária até ocupar todo o citoplasma do macrógafo. Este, dependendo da quantidade de amastigotas, pode romper e liberar formas amastigotas (que infectam novas células).

O curso da infecção nos animais, incluindo humanos, é altamente variável, dependente da espécie de Leishmania e características genéticas e da resposta imune do hospedeiro. O período de incubação (tempo entre a picada do inseto e o aparecimento da lesão) pode variar entre 2 semanas e 3 meses, segundo observações realizadas no Brasil.

As formas clínicas da doença podem ocorrer em amplo espectro na LTA, estando relacionado ao estado imunológico do paciente, e as espécies de *Leishmania*. Apesar das diferentes apresentações, podemos agrupá-las em leishmaniose cutânea (LC), leishmaniose cutaneomucosa (LCM) e leishmaniose cutânea difusa (LCD).

A LC é caracterizada por formação de úlceras únicas ou múltiplas confinadas na derme, com a epiderme ulcerada. resultam em úlceras leishmanióticas típicas, que podem evoluir para formas vegetantes verrucosas ou framboesiformes. Em estágio aguda, nas bordas das lesões, podem ser encontrados diversos parasitos. Pode ocorrer de forma disseminada em pacientes imunossuprimidos, como por exemplo, síndrome AIDS. No Brasil, as espécies que produzem este tipo de apresentação são: *L. (V.) braziliensis, L. (V.) guyanensis, L. (L.) amazonensis, L. (V.). laisoni* e *L. (V.) naiffi.*

A forma clínica de LCM ocorre principalmente pela presença de *L. (V.) braziliensis*, apresentando curso incial conforme descrito anteriormente. Entretanto, após algum tempo (meses ou anos), produzem lesões destrutivas secundárias, envolvendo mucosas e cartilagens. As regiões comumente verificadas destas lesões são, nariz, faringe, boca e laringe.

A LCD ocorre na forma de lesões difusas não ulceradas por toda a pela, contendo grande número de amastigotas. Esta apresentação ocorre em infecções por L. (L.) amazonensis no Brasil. Não é totalmente compreendido esta forma de leishmaniose, se a forma clínica acontece por diversas picadas do vetor, ou pelo resultado da metástase do parasito de um sítio primário para os outros, por meio de vasos linfáticos ou migração de mácrófagos parasitados.

O diagnóstico da doença ocorre de forma clínica, com base na característica da lesão e dados da anamnese. Deve ser realizado o diagnóstico diferencial de outras dermatoses granulomatosas. O diagnóstico laboratorial pode ser realizado, com base na pesquisa do parasito por meio de esfregaço sanguíneo, exame histopatológico, cultura ou inóculo em animais. Adicionalmente, pode ser realizado métodos moleculares com o objetivo da detecção de DNA do parasito.

O tratamento pode ser realizado por meio da utilização de um antimonial pentavalente, Glucatime (antimoniato de N-metilglucamina), de acordo com a OMS. Adicionalmente, no Brasil, alguns grupos de pesquisa (Mayrink e cols). estão utilizando uma vacina para para imunoprofilzaxia (Leishvacin, Biobrás, Montes Claros, MG), em casos resistentes aos antimoniais.

A Leishmaniose Visceral Americana (LVA) é uma doença ocasionada por parasitos do complexo *Leishmania donovani*. Esta forma de *Leishmania* apresenta uma importância significativa pois é uma doença infecciosa, sistêmica, de evolução crônica, caracterizada por febre irregular, de intensidade média e de longa duração, apresentando esplenomegalia e hepatomegalia (acompanhada de hipoalbuminemia, trombocitopenia, anemia). O estado de debilidade que o quadro clínico pode apresentar ao indivíduo pode levar óbito, caso o paciente não seja tratado.

A morfologia das formas parasitárias de *Leishmania* deste complexo são semelhantes às abordadas no complexo de LTA. Com relação ao ciclo, além de vermos as formas amastigotas em tecidos linfoides, o fígado e o baço podem apresentar as formas parasitárias. Para este complexo, o vetor *Lutzomyia longipalpis* realiza o repasto sanguíneo em indivíduos parasitados, ingerindo macrófagos parasitados. O ciclo dentro do hospedeiro invertebrado é semelhante ao apresentado para a LTA.

O mecanismo de transmissão de *L. infantum* ocorre por meio da picada da fêmea infectada de *L. longipalpus*. As formas promastigotas metacíclicas, movem-se pela probóscide do vetor, e são inoculadas no hospedeiro vertebrado durante o repasto sanguíneo. Outras formas podem ocorrer, como por exemplo, durante o compartilhamento de seringas em utilização de drogas injetáveis e transfusão sanguínea. A patogenia da *Leishmaniose*, ocasionada por *Leishmania infantum*, ocorre principalmente em células do SMF, principalmente células do baço, fígado e medula óssea.

Como a infecção ocorre por meio da pele, juntamente com as formas promastigotas, é inoculado saliva. Esta saliva é rica em propriedades inflamatórias, proporcionando atração de células fagocitárias para o local da picada. Nas vísceras, os parasitos proporcionam uma infiltração de macrófagos parasitados, sendo tecido esplênico, sanguíneo, pulmonar e renal os tecidos mais prejudicados.

O quadro clínico pode ter desenvolvimento abrupto ou gradual. Pode ocorrer sinais sistêmicos, como febre intermitente, palidez de mucosas, esplenomegalia, presença ou não de hepatomegalia, e progressivo emagrecimento geral. A forma abrupta ocorre normalmente em pessoas imunossuprimidas, como HIV e diabéticos.

A forma assintomática da doença pode ser apresentada com sinais inespecíficos, como apresentação de febre baixa recorrente, tosse seca, diarreia, sudorese, prostração e apresentar cura espontânea, ou manter o parasito sem nenhuma alteração evolutiva clínica durante a vida. A forma aguda da doença pode ocorrer no curso inicial, apresentando febre alta, palidez de mucosas e hepatoesplenomegalia discreta. Neste momento, pode ser confundida com febre tifoide, malária, esquistossomose, doença de Chagas, toxoplasmose, que podem apresentar hetoespelenomegalia.

A forma sintomática crônica (calazar clássico) é a forma de evolução prolongada da doença, caracterizada por febre irregular e associada ao contínuo agravamento da doença. Pode apresentar emagrecimento progressivo, caquexia acentuada, mesmo apresentando apetite. A hepatoesplenomegalia associada à ascite, determinam a distensão abdominal.

Embora tenhamos uma ampla diversidade de espécies de *Leishmania*, a forma clínica da Leishmaniose Dérmica Pós-calazar ocorre somente em infecções envolvendo a *Leishmania donovani*. Essa apresentação ocorre principalmente no subcontinente indiano e no leste da África.

O diagnóstico da leishmaniose deve envolver sinais clínicos apresentados pelos pacientes, assim como associação com parâmetros epidemiológicos, achados hematológicos e bioquímicos, detecção de anticorpos anti-*Leishmania*. Adicionalmente, pode ser realizada a detecção de DNA do parasito.

O tratamento pode ser realizado por meio da implementação de quimioterapia com a utilização de fármacos antimoniais pentavalentes, antimoniato de N-metil glucamina (Glucantine) e estibogluconato (Pentostam). De acordo com o Ministério da Saúde (MS), no Brasil, não há relatos da presença de populações de *L. infamtum* resistentes aos atimoniais, em testes in vitro. Em pacientes com insuficiência renal, menores de 1 ano ou acima dos 50 anos, transplantados, cardíacos, renais e hepáticos, o MS indica a utilização de Anfotericina B lipossomal. Em situações de refratariedade ao tratamento, pode ser indicada a imunoquimioterapia, com a utilização de rHINF gama (interferom gama humano recombinante).

Relacionada a profilaxia e controle, desde 1960, quando se definiu o papel do cão como reservatório doméstico de L. infantum, e de *L. longipalpis* como vetor, deve ser seguido de: diagnóstico precoce e tratamento dos doentes; eliminação dos cães ou tratamento e acompanhamento de cães com sorologia positiva; e combate às formas adultas do inseto vetor.

Outro protozoário flagelado de importância médica é a *Trypanosoma cruzi*, agente etiológico da Doença de Chagas, que constitui uma antropozoonose frequente nas Américas. Foi caracterizado em 1909, por Carlos Chagas. O protozoário possui diversas formas evolutivas, nos hospedeiros vertebrados e invertebrados.

As formas amastigotas são verificadas nos hospedeiros vertebrados e na cultura de tecidos, enquanto formas tripomastigotas são verificadas no sangue circulante. Esta última, são consideradas infectantes para hospedeiros vertebrados e células in vitro. O ciclo biológico é do tipo heteroxênico, onde o parasito passa por uma fase de multiplicação intracelular no hospedeiro vertebrado (homem e mamíferos) e extracelular no inseto vetor (triatomíneos). Estudos revelam que os hospedeiros primitivos de *T. cruzi* na natureza foram o tatu, o tamanduá e o bicho preguiça. Amastigotas, epimastigotas e tripomastigotas interagem com células do hospedeiro vertebrado e apenas as epimastigotas NÃO são capazes de se desenvolver e multiplicar. Os tripomastigotas metacíclicos são eliminados nas fezes e urina do vetor, durante ou logo após o repasto sanguíneo, das quais penetram e interagem com células do SMF (da pele e das mucosas).

Neste local, ocorre a transformação de tripomastigotas em amastigotas, que apresentam multiplicação por divisão binária. Após, as amastigotas apresentam diferenciação em tripomastigotas, que são liberadas da célula. Ao caírem no interstício, as formas tripomastigotas podem infectar novas células, ou serem ingeridos pelos triatomíneos, onde cumprirão um ciclo extracelular. No vertebrado (fase aguda), a parasitemia é mais elevada, podendo ocorrer morte do hospedeiro.

Em humanos, a mortalidade da doença (na fase aguda) ocorre principalmente em crianças e pacientes imunossuprimidos. Caso o vertebrado apresente imunidade competente, ocorre a cronificação da doença (dificultando o diagnóstico). A evolução e desenvolvimento das diferentes formas clínicas da fase crônica podem ser visualizadas após 10 a 15 anos de infecção, ou mais.

No hospedeiro invertebrado, ao ingerirem formas tripomastigotas durante o hematofagismo, ocorre a transformação em formas arredondadas, nomeadas como esferomastigotas, e posteriormente, em epimastigotas. Estas podem ser de duas formas: epimastigotas curtas (multiplicam por divisão binária simples - responsável pela mantenção do protozoário no vetor) ou em esferomastigotas e posterior, em tripomastigotas metacíclicos (que são eliminados nas fezes do vetor, ou urina).

Os mecanismos de transmissão podem ocorrer pelo vetor, onde apresenta maior importância epidemiológica. Nesse sentido, a infecção ocorre por meio da penetração de tripomastigotas metacíclicos, que são eliminadas nas fezes e urina de triatomíneos, durante a hematofagia. Este processo ocorre normalmente em pele ou mucosa íntegra. Outra forma de transfusão é por meio de transfusão sanguínea. Esta forma de transmissão é importante principalmente em países onde a prevalência da doença é alta. Além das duas formas mais comuns de transmissão da tripanossomíase (vetor e transfusão sanguínea), existe a possibilidade de transmissão congênita, acidentes em laboratório, transmissão oral, coito e transplante.

A doença pode ocorrer de duas formas, compreendendo a fase aguda e a fase crônica. As formas de apresentação da doença estão intimamente relacionadas ao estado imunológico do paciente. As formas de apresentação podem ser sintomáticas (aparente) ou assintomáticas (inaparente). A forma assintomática é a mais frequente apresentação da tripanossomíase. Na primeira infância, a forma aguda pode apresentar mortalidade de 10%, devido à meningoencefalite e falência cardíaca (devido à miocardite aguda difusa). A manifestação aguda inicia quando o *T. cruzi* penetra na conjuntiva (sinal de Romaña) ou na pele (chagoma de inoculação), onde a maioria dos casos, apresentam a lesão entre 4-10 dias. Ocorre hiperplasia de tecido linfoide em linfonodos-satélites. O sinal de Romanã caracteriza-se por edema bipalpebral-unilateral, linfadenite-satélite, com linfonodos pré-auriculares, submandibular com aumento de volume. Outras manifestações gerais são verificadas, como febre, edema generalizado, hepatomegalia, esplenomegalia, insuficiência cardíaca.

Após a fase aguda da doença, os sobreviventes passam por um longo período assintomático (10 a 30 anos). Esta fase é chamada de indeterminada (latente). É caracterizada por positividade nos exames; ausência de sintomas; eletrocardiograma convencional; e coração, esôfago e cólon radiograficamente normais. A fase crônica sintomática pode ocorrer após a fase latente, apresentando sintomatologia relacionada ao sistema cardiorespiratório, digestivo ou ambos. Observa-se reativação intensa do processo inflamatório, com dano destes órgãos. Neste, a forma cardíaca da doença atinge cerca de 20 a 40% dos pacientes, apresentando insuficiência cardíaca-congestiva, e isto deve-se ao fato da diminuição da massa muscular do órgão. A forma digestiva está presente em menor número de casos (10 a 11% dos casos), caracterizando o megaesôfago e o megacólon. O megaesôfago pode surgir em qualquer idade, no entanto, o maior número de casos é entre 20 e 40 anos. Sinais como disfagia, odinofagia, dor retroesternal, regurgitação, soluço, tosse, ocorrem nestas situações. Pode ocorrer megacólon e outras patologias digestivas.

A doença de chagas ocasionada pela forma transfusional, na forma aguda, apresenta as condições muito semelhantes às adquiridas por meio do repasto sanguíneo realizado pelo triatomíneo. Entretanto, exceto a ausência do chagoma de inoculação. Na forma transfusional, a febre é o sintoma mais frequente, assim como linfadenopatia e esplenomegalia. A forma congênita da doença pode ocorrer em qualquer momento da gravidez (apresenta baixa frequência 2 a 10% dos casos), causando abortamento, partos prematuros, com nascimentos de bebês abaixo do peso.

A doença de chagas é considerada oportunista nos pacientes imunossuprimidos, principalmente nos pacientes HIV positivos. Nestes casos a doença pode apresentar o envolvimento do Sistema Nervoso Central, apresentando encefalite multifocal e tendem a apresentar necrose; forma tumoral da doença com múltiplas lesões necróticas hemorrágicas; e os parasitos são abundantes no sangue, interior de macrófagos, células gliais. Nestas situações é importante a realização do diagnóstico diferencial de *Toxoplasma gondii*.

A imunidade para *T. cruzi* pode ser verificada pelo sistema complemento inicialmente (potencializando a ação de C3 convertase em convertase C5 - complexo de ataque à membrana (MAC)), e imunidade Inata (muito evidente em aves que são refratárias - por apresentar via alternativa do complemento). A imunidade humoral ocorre pelo surgimento de IgM e IgG precoces, com níveis elevados. A imunidade celular ocorre por meio da ativação de células NK que produzem INF gama.

O diagnóstico pode ser de forma clínica, principalmente se houver sinais de Romaña ou chagoma de inoculação, assim como febre irregular, adenopatia satélite ou generalizada, hepatoesplenomegalia, taquicardia, edema generalizado ou dos pés. Adicionalmente, o diagnóstico laboratorial pode ser realizado: na fase aguda, alta parasitemia, presença de anticorpos inespecíficos, assim como outros métodos indiretos podem ser realizados. Na fase crônica, observa-se baixa parasitemia, presença de anticorpos específicos, métodos parasitológicos, podem ser realizados.

Denomina-se critério de cura aos parâmetros (clínico e laboratoriais) que são empregados para verificar a eficácia do tratamento de um paciente. Na fase crônica, os critérios clínicos são de valor limitado na fase crônica da infecção. Outros métodos podem ser auxiliares, como no parasitológico (xenodiagnóstico, hemocultura e PCR); sorológicos convencionais (RIFI, ELISA); sorologia não convencional (LMCo - lise mediada por complemento, e AATV - anticorpos anti-tripomastigotas).

A profilaxia para a doença de chagas ocorre por meio das melhorias de condições de vida e dos residentes de áreas rurais, minimizar os desmatamentos (locais de manutenção de potenciais reservatórios e vetor). Adicionalmente, o controle de doadores de sangue é importante. Todas as medidas acima citadas fazem parte de ações de vigilância epidemiológica da doença de chagas, realizadas por meio da Vigilância Epidemiológica (VE). O tratamento normalmente não apresenta boa eficácia, não promovem a cura definitiva em todos os pacientes. Em casos agudos, utiliza-se nifurtimox (Lampit) e benzimidazol (Rochagan).

Trypanosoma (*Herpetosoma*) *rangeli*, foi descrito por Tejera, em 1920, também um protozoário flagelado. Assim como o *T. cruzi*, *T. rangeli* apresenta ciclo heteroxênico, que infecta mamíferos silvestres e domésticos nas Américas. Entretanto, a via de transmissão de *T. rangeli* ocorre por via inoculativa (Salivaria), enquanto *T. cruzi* ocorre pelas fezes (Stercoraria). No

Brasil, a doença não ocorre desde 1996, onde ocorrem casos no Município de Barcelos, no Estado do Amazonas. Desta forma, o parasito não será abordado neste texto.

CONCLUSÃO

A parasitologia é um campo abrangente e essencial para a compreensão das interações entre organismos parasitas e seus hospedeiros, com implicações profundas para a saúde pública e veterinária. Este livro, "Bases da Parasitologia: Fundamentos e Protozooses de Importância Médica e Veterinária," apresentou uma visão sistemática e detalhada dos protozoários, suas características biológicas, ciclos de vida e as doenças que provocam.

Ao longo das páginas, exploramos a diversidade dos protozoários, destacando sua capacidade de adaptação e sobrevivência em diferentes ambientes. Abordamos doenças parasitárias significativas, como a malária, a toxoplasmose e a doença de Chagas, que não apenas representam desafios clínicos consideráveis, mas também levantam questões sociais e econômicas, especialmente em áreas com infraestrutura de saúde limitada.

A compreensão dos ciclos de vida dos parasitas e a interação com seus hospedeiros são cruciais para o desenvolvimento de estratégias eficazes de controle e prevenção. Consequentemente, a pesquisa contínua e o investimento em saúde pública são imperativos para controlar a disseminação dessas infecções e mitigar seus impactos devastadores.

Esperamos que os conhecimentos adquiridos ao longo deste livro não apenas informem, mas também inspirem novos profissionais a se dedicarem ao estudo da parasitologia, contribuindo para a pesquisa, diagnóstico e tratamento das doenças parasitárias. Assim, juntos, podemos avançar em direção a um futuro mais saudável e livre de infecções parasitárias

REFERÊNCIAS

ALENCAR, J. S. F.; RIBEIRO, J. B.; CAVALCANTE, D. C. *Leishmania* spp.: Biologia e controle. 1. ed. Brasília: Editora Universidade de Brasília, 2020.

BULGACOV, A.; PIVA, O.; SIMÕES, R. R. Leishmaniose mucocutânea: Uma revisão sobre a epidemiologia, diagnóstico e tratamento. 1. ed. São Paulo: Editora Atheneu, 2018.

CHANDLER, Angela C.; FULLER, Annie L. Parasitology: A Conceptual Approach. Nova York: Garland Science, 2015.

DUBEY, J. P. Toxoplasmosis of Animals and Humans. 2. ed. Boca Raton: CRC Press, 2010.

FRENKEL, J. K. Toxoplasmosis: The role of *Toxoplasma gondii* in human diseases. In: Current Clinical Microbiology Reports, 2017.

GABRIEL, F.; EMANUEL, F.; GOMES, H. *Naegleria fowleri*: An emerging pathogen in the Americas. Journal of Medical Microbiology, v. 69, n. 4, p. 569-574, 2020.

GARCÍA, H. H.; GONZÁLEZ, A. E.; FERMÍN, G. Cysticercosis: A major public health problem in developing countries. Tropical Medicine and International Health, v. 24, n. 6, p. 750-758, 2019.

HUSSAIN, R. et al. Cyclospora cayetanensis: A review of the biology, epidemiology, and clinical manifestations. Journal of Clinical Microbiology, v. 56, n. 5, p. e01912-17, 2018.

KAPLAN, G. The Biology of Apicomplexan Parasites. 1. ed. New York: Springer, 2015.

MURRAY, C. J. L. et al. Global, regional, and national incidence and mortality for HIV, tuberculosis, and malaria during 1990–2015: A systematic analysis for the Global Burden of Disease Study 2015. The Lancet, v. 388, n. 10063, p. 100-130, 2016.

NEVES, David P. Parasitologia Humana. 12. ed. São Paulo: Atheneu, 2005.

PEREIRA, M. H.; GOMES, R. M. *Trypanosoma rangeli*: Biologia, epidemiologia e saúde pública. 2. ed. Curitiba: Editora UFPR, 2019.

REY, Lauro Travassos da Rosa. Parasitologia: Parasitologia geral. 4. ed. Rio de Janeiro: Guanabara Koogan, 2008.

SCHMIDT, Gerald D.; ROBERTS, Larry S. Foundations of Parasitology. Nova York: McGraw-Hill Education, 2020.

STOECKLE, M. Y.; CHAMPI, N.; KAUFMAN, R. T. *Trichomonas vaginalis*: Pathogenesis, diagnosis, and treatment. 1. ed. New York: Springer, 2017.

WALLACE, W. A.; KALMAN, K. J.; O'CONNELL, H. Acanthamoeba in the brain: Pathogenesis and potential therapeutic approaches. Experimental Parasitology, v. 183, p. 189-196, 2017.

WHO - World Health Organization. Leishmaniasis: Key facts. 2019. Disponível em: https://www.who.int/news-room/fact-sheets/detail/leishmaniasis. Acesso em: 15 set. 2023.